삶에서 가장 중요한 것들은

고릴라에게서 배웠다

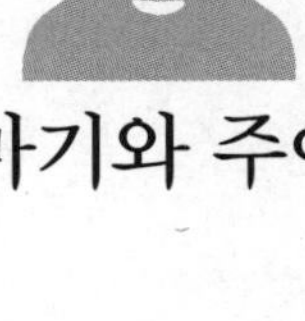

야마기와 주이치

"인간의 아기는 3kg 정도인데 고릴라의 새끼는
2kg 이하의 작은 몸으로 태어난다."

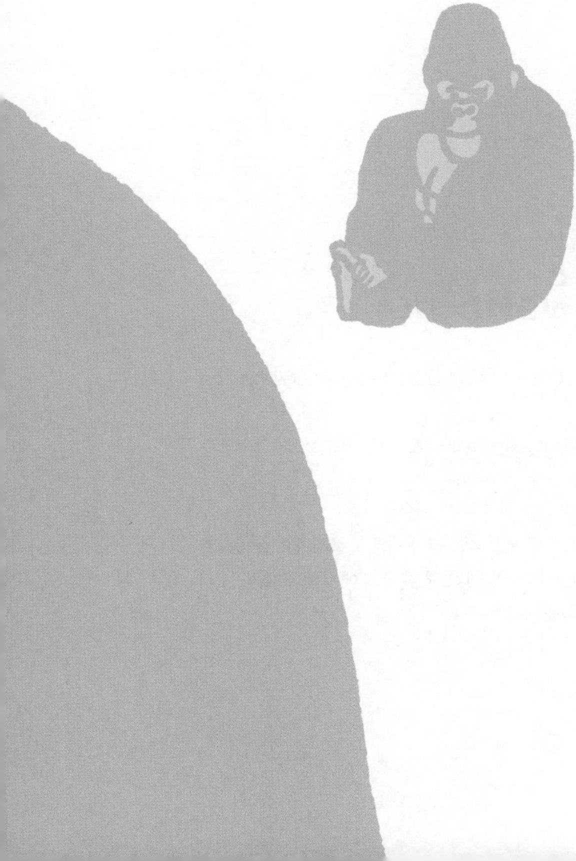

人生で大事なこと
はみんなゴリラから教わった

JINSEI DE DAIJI NA KOTO WA MINNA GORIRA KARA OSOWATTA

삶에서 가장 중요한 것들은 고릴라에게서 배웠다

마르코폴로

*별도 기재 없는 사진은 저자 제공

목차

머리말

우리들의 생활은 매우 바빠지고 있다. 세상에 많은 정보가 넘쳐나고 있고, 그 정보를 받아들이려고 사람들은 항상 스마트폰이나 인터넷을 마주하기 때문이다. 마치 사람과 사귀는 건 뒷전으로 하고 스마트폰과 사귀고 있는 것처럼 보인다. 하지만 그렇게 많은 정보를 모아도 많은 사람과 친해질 수 있는 것은 아니다. 오히려 아직 얼굴도 모르는 사람에게 상담을 받거나 여러 권유를 받거나 해서 코앞에 닥친 일을 할 수 없게 된다. 다양한 정보가 넘쳐나기 때문에 무엇을 신뢰해야 좋을지 몰라 불안에 사로잡힌다. 모르는 사람에게서 자신이 하는 일을 비난받거나 자신의 행동을 어딘가에서 누군가가 보는 것 같아 불안해지고 허둥댄다.

요즘 세상에는 알고 싶은 일, 알아야 할 일, 해보고 싶은 일, 해야 할 일이 넘쳐나는 것 같다. 하지만 정말 그럴까? 그렇게 많은 것을 알 필요도 없고, 모든 것을 할 필요도 없지 않을까? 정말 내가 알고 싶은 것, 하고 싶은 것이 무엇인지 곰곰이 생각해 보고 싶다.

그러려면 먼저 자신이 누구인지 알아야 한다. 인간은 이 지구에 사는 생물 중 하나다. 정보는 변하지 않지만, 생물은 항상 성장하고 변해간다. 오늘의 나는 어제의 내가 아니고, 내일도 또 다른 내가 될 것이다. 취향도 바뀌고 친구들과의 관계도 바뀐다. 그 속에서 나 자신을 계속 유지하는 일은 꽤 어려운 일이다.

왜냐하면 인간은 자신을 자신만으로는 만들 수 없다. 그것은 자신의 얼굴을 스스로 볼 수 없는 것과 같다. 거울에 비친 나를 보며 '아아, 이런 모습인가' 하고 납득할 수는 있지만 남들 눈에 비친 내 모습은 그 순간 보이지 않는다. 그래서 자신이 누구인지를 이해하는 데는 다른 사람의 반응을 볼 필요가 있다. 반대로 우리들은 타인의 얼굴이나 모습을 분명히 볼 수 있다. 그렇기 때문에 타인의 표정이나 몸짓에 따라 '아, 이건 화가 난 거구나', '슬픈 표정이구나' 하고 이해할 수 있다. 그리고 그런 표정이나 몸짓을 자신도 하고 있다는 것을 타인의 반응을 통해 알게 되는 것이다.

언제부턴가 인간은 그런 표정이나 행동을 말로 표현하게 됐다. 슬픔, 기쁨, 괴로움, 무

서움이라는 감정을 말로 표현하여 다 함께 공유할 수 있게 되었다. 지금 그것이 정보가 되어 스마트폰이나 인터넷에 넘쳐나고 있는 것이다. 하지만 그런 건 원래 직접 만나서 느껴야 한다고 생각한다. 언어는 세계에서 일어나는 여러 가지 일들을 추상화하고 간결하게 전달하기 위한 도구다. 그렇기 때문에 우리는 만날 수 없는 먼 곳에 있다고 해도 더 이상 이 세상에 존재하지 않는 과거의 사람들 목소리라도 그 메시지를 전해 들을 수 있는 것이다. 하지만 언어는 정보가 되지 않는 것을 많이 누락시키고 있다. 예를 들어 분노나 슬픔에는 여러 종류와 정도의 차이가 있는데 그것은 말로 표현하기가 쉽지 않다. 화가 난 것처럼 보여도 사실은 누군가의 도움을 받고 싶어 하거나 시비조로 보여도 화해하고 싶어 하는 듯한 태도는 그 자리에 있지 않으면 이해하기 어렵다.

더구나 인간은 인간끼리만 사는 것이 아니다. 벌레나 새, 동물과 식물과도 다양하게 사귀면서 하루하루를 풍요롭게 살고 있다. 언어를 사용하지 않고도 개나 고양이와, 때로는 화분의 꽃과 대화를 나누기도 한다. 그것은 서로 생물이기 때문에 느낄 수 있는 커뮤니케이션이다. 그리고 인간이 자신을 타인의 반응에 의해 자각하듯이 인간은 다른 생물의 반응에 의해서도 인간임을 의식할 수 있는 것이다. 특히 인간이란 대체 무엇인지 알기 위해서는 인간 이외의 생물과 사귀어 볼 필요가 있다. 고양이를 정의하려면 고양이 이외의 동물을 알아야 하듯이 인간을 정의하기 위해서는 인간과의 경계지역에 있는 동물을 아는 것이 필수적이다.

그래서 나는 고릴라 나라에 유학하기로 했다. 고릴라는 침팬지와 함께 인간 근원에 가장 가까운 동물이다. 오감도 많이 닮았고 지능도 높다. 몸 크기는 인간의 두 배 이상이고 아프리카의 열대우림, 즉 정글에서만 사는 것이 우리들과 다르다. 하지만 인간의 조상들도 예전에는 이 정글에서 살았고, 아직도 정글에서 살고 있는 사람들도 있다. 정글에는 지구상에서 가장 많은 생물이 공존하고 있으며 지금 우리가 여러 생물과 대화할 수 있는 것도 정글에서 기른 능력 때문일 수도 있다.

정보가 넘쳐나고, 정보에 의지하기에 인간끼리나 다른 생물들과의 접촉이 적어진 현대에 모처럼 키운 인간의 소통 능력을 부활시킬 필요는 없을까. 그리고 인간 이외의 생물로부터 현대의 인간이 어떻게 비치고 있는지를 알게 됨으로써 생물로서의 인간 본연의 자세를 다시 이해할 필요가 있지 않을까. 그런 생각을 하게 되었다.

고릴라를 아는 것은 인간을 더 잘 이해하도록 연결된다. 아프리카 정글은 인간의 과거 삶을 들여다보는 창문일지도 모른다. 그렇게 생각한 나는 아프리카로 여행을 떠났다. 그로부터 40년 넘게 야생 고릴라와 그 서식지 사람들과 사귀었다. 돌이켜보면 여러 일들이 있었다. 아프리카 정글에 처음 발을 들여놓은 경험, 고릴라와의 대면, 그리고 정글에서 사는 사람들과 함께한 날들. 물론 내가 아프리카에 계속 있었던 것은 아니다. 2년 동안 계속 머무른 적도 있지만 대부분은 몇 달 동안 조사를 하고 일본으로 돌아왔다가 다시 아프리카 여행을 몇 번이고 반복했다. 고릴라들도 한 곳뿐 아니라 비룽가 화산군의 마운틴고릴라, 카후지산 고지와 저지대의 동부로랜드고릴라, 무칼라바 국립공원의 서부로랜드고릴라와 4개 지역 3종류의 고릴라를 걸쳤다. 고릴라라고 해도 장소에 따라 종류에 따라 모습도 성질도 조금씩 다르다. 인간도 유럽, 아프리카, 아시아와 장소에 따라 외모나 행동이 다른 것과 비슷하다. 그들을 고릴라라고 해서 한마디로 정의해버리는 건 큰 잘못이다.

게다가 각각의 고릴라들에게 이름을 지어주고 사귀다 보면 다들 개성이 다르다는 것을 알게 된다. 각기 외모도 성격도 다른 고릴라들이 서로의 개성을 알고 함께 사는 것이 고릴라 무리 생활인 것이다. 그것은 인간과 비슷한 것 같으면서도 상당히 큰 차이가 있었다. 고릴라가 되어 우선 살아보자. 그러면 고릴라의 세계를 이해할 수 있게 된다. 이번에는 인간의 세계를 바라보자. 그럼 인간의 이상한 특징이 부각된다. 또 언뜻 보면 '고릴라와 다른 행동이라도 밑바닥에 흐르고 있는 행동의 원리는 같지 않을까'라는 생각이 들 때가 있다. 예를 들어 우리는 대화를 할 때 마주본다. 그것은 언어를 주고받기 위해서라고 누구나 생각하지만 언어가 없는 고릴라도 마주보며 마음을 전하는 경우가 많다. 반면 원숭이들은 좀처럼 마주보는 이런 자세를 유지하는 법이 없다. 그러면 원숭이에게는 없는 대면한다는 행위가 고릴라와 인간의 공통 조상에서 생겨났고, 그 자세를 이용하여 대화라는 말을 사용하는 소통이 인간에게만 발달한 것이 아닌가 하는 생각을 할 수 있다.

그런 것들을 고릴라나 원숭이와 비교하며 생각해 보면 인간 행동의 본래 의미가 보인다. 그리고 정보사회를 사는 우리가 본래의 의미를 잊고 살기 시작했음을 깨닫는 것이다.

그 깨달음 몇 가지를 나의 고릴라 나라 체험을 통해 소개하는 것이 이 책의 목적이다. 고릴라뿐만이 아니라 야쿠시마에서 원숭이들과 보낸 날들과 내가 가족과 함께 아프리카에서 보낸 체험도 포함되어 있다. 모두 내가 생물로서 자신을 자각하기 위해 배운 것들이다. 그것을 여러분과 함께 돌이켜보며 앞으로의 인간 삶의 방식에 대해 생각해 보고 싶다. 자, 그럼 고릴라가 있는 정글로 헤치고 들어가 보자.

2020년 7월
야마기와 주이치

제 1 장

고릴라와의 만남

고릴라는 원숭이가 아니다

고릴라와 만나고 싶어서 동물원에 간 것은 내가 교토대 대학원생이 되었을 무렵의 일이다. 물론 도쿄 태생인 나는 어릴 적 우에노 동물원에서 고릴라를 보았다. 지금 생각하면 그 고릴라는 나와 동갑내기였던 인기 고릴라로 '부르부르'임에 틀림없는데 왜 그런지 기억이 잘 나지 않는다. 아마도 부모 손에 이끌려 인파를 헤매다 지긋지긋해졌던 나에게는 "동물원의 동물 중 하나"로밖에 보이지 않았을 것이다.

대학에서 나는 일본원숭이 연구에 몰두하고 있었다. 교토의 아라시야마에서 일본원숭이를 가까이서 관찰하고 시가 고원이나 야쿠시마에서 야생 일본원숭이를 쫓아 야산을 뛰어다니고 있었다. 스스로가 원숭이가 된 것처럼 생각하고 원숭이들과 어울리며 자연을 바라볼 수 있게 되었다. 그랬을 때 '아프리카에 갈 수 있을지도 모른다', '고릴라를 조사할 수 있을지도 모른다'는 이야기가 들려왔다. '일본영상기록'이라는 영화회사가 지금까지 별로 알려지지 않았던 아프리카의 오지에 들어가 고릴라의 영상을 촬영하는 데 성공했기 때문이다. 지도교수였던 이타니 준이치로* 선생님에게서 "고

* 일본원숭이와 침팬지의 생태를 쫓고 일본 영장류학의 초석을 닦은 영장류 학자. 일본인 최초로 인류학 노벨상으로 불리는 토머스 헉슬리 기념상을 수상했다.

릴라 연구를 해보지 않겠나"라는 말을 들은 나는 온몸의 털이 곤두섰다. 아프리카 미지의 정글에서 낮게 으르렁거리는 소리가 들리는 듯한 기분이 들었기 때문이다. 나는 즉시 교토에 있는 동물원에 있는 고릴라를 보러 갔다.

고릴라는 원숭이가 아니라는 게 그때 느낀 인상이었다. 당시 동물원에는 일곱 살짜리 '맥'이라는 수컷이 있었다. 몸은 나와 비슷하지만 얼굴과 손이 유난히 컸다. 원숭이에 비해 덩치가 큰 만큼 동작이 느려 보였다. 하지만 내가 놀란 것은 덩치가 같은 사람과 비교해도 맥이 실제로 여유로운 태도를 보인다는 것이었다. 원숭이는 사람은 물론 동료 원숭이에 대해서 잠시도 가만히 있지 않는다. 바쁘게 돌아다니다가 먹이를 찾고서 인간이나 원숭이를 만나면 으스대기도 하고, 주눅 들기도 하고, 가까이 다가와 털을 고르기도 한다. 그때마다 꼬리를 올리거나 내리기 때문에 원숭이의 감정이 여지없이 요동치고 있음을 알 수 있다.

그런데 고릴라는 달랐다. 책상다리를 하고 앉아 팔짱을 끼고 가만히 이쪽을 바라본다. 미동도 하지 않는다. 마치 불상과 같다. 원숭이는 쳐다보면 반항하듯 이쪽을 쏘아본다. 그래도 쳐다보면 이번에는 화가 나서 이쪽으로 달려든다. 고릴라는 그런 적이 없다. 언제까지나 평온한 얼굴이고 눈동자는 한없이 어두워서 마치 빨려 들어갈 것 같다.

걸을 때는 거드름을 피우며 등을 젖히고 팔을 세워 어깨를 흔들며 으스대는 듯한 태도를 취한다. 원숭이와 인간과의 만남은 항상 긴장되지만 고릴라는 만남을 즐기고 때로는 인간을 놀리는 것처럼 보인다. 그것을 본 나는 어쩌면 고릴라가 인간보다 격이 위일지도 모른다고 생각했다. 고릴라는 가만히 기다린다. 언제나 인간이 먼저 움직이고 싶어지는 것이다. 도대체 고릴라는 어떤 성격을 가지고 있을까. 나는 언젠가 고릴라의 마음속을 들여다보고 싶다는 생각을 하게 되었다.

고릴라의 나라를 방문하다

내가 야생 고릴라를 만나러 아프리카에 간 것은 26살 때이다. 그때까지 수년간 나는 일본 야산에서 일본원숭이를 쫓아다녔다. 북쪽은 아오모리현의 시모키타 반도에서 남쪽은 가고시마현의 야쿠시마까지 일본원숭이의 대표적인 서식지를 다니며 그 특징을 조사했다. 텐트를 치고 노숙을 하며 생선을 잡고 산나물을 따서 요리를 해 먹었다. 그래서 아프리카 정글에서도 충분히 살 자신이 있었다.

하지만 역시 아프리카는 벅찼다. 아프리카 대륙의 중앙에는 일본 면적의 10배나 되는 콩고 분지가 있으며 대부분이 정글(열대우림)이고 거의 콩고민주공화국에 속해 있다. 콩고 분지 동쪽 끝에 우뚝 솟은 카후지산에서 조사를 시작했을 때 가장 놀란 것은 동물의 종류가 풍부하다는 것이었다. 일본에는 일본원숭이 1종류밖에 없는데 카후지산에서만 원숭이가 8종류나 되었다. 덩치가 큰 동물도 많았고 그중 코끼리는 파격적인 크기였다.

처음 숲을 거닐던 날 코끼리와 마주쳤는데 나는 코끼리가 매우 무서운 동물임을 알게 되었다. 일본 동물원에서는 코끼리는 느긋하게 긴 코를 빈둥거리며 걷고 있다. 하지만 여기서는 항상 귀를 쫑긋 세우고 있다. 인기척을 느끼면 휙 하고 큰 귀를 펼치고 경계한다. 이쪽을 적으로 간주하면 귀청이 찢어질 것 같은 소리를 내며 돌진해 온다. 코에 감기면 더 이상 살아날 수 없다. 땅에 내동댕이쳐져 송곳니에 찔리거나 발로 밟혀 한순간에 끝난다. 현지에서 코끼리에게 습격당해서 숨진 사람도 있다고 들었다.

코끼리와 마찬가지로 고릴라도 현지인들의 두려움을 샀다. 이곳에서는 현지인들이 오래전부터 고릴라를 잡아먹었기 때문에 당연한 일인지도 모른다. 고릴라들도 인간을 적대시하고, 가능한 한 자신들로부터 멀리하려고 하고 있었다. 그곳에서 나는 야생동물을 잘 알고 있는 숲속 수렵민인 트와인에게 숲을 안내받기로 했다. 후지산과 비슷한 해발 3308미터나 되는 카후지산 주변은 국립공원으로 되어 있어 일반인의 출입이 금지되어 있다. 그러나 국립공원으로 보호되기 시작한 8년 전에는 이 숲에서 트와인들이 수렵과 채집 생활을 하고 있었다. 아직도 숲의 지식을 풍부하게 가지고 있는 그들에게 고릴라를 발견하게 하려고 했던 것이다.

트와인 중 미사리 노인과 그의 아들 셋과 함께 나는 고릴라의 발자국을 따라 숲을 헤매고 다녔다. 빽빽한 덤불을 가르며 쐐기풀이 자라는 비탈을 올라 습지나 개울가에 텐트를 치고 고릴라의 모습을 찾아다녔다. 콧날이 흰 올빼미얼굴원숭이, 녹색이며 뒷면이 진홍색인 부채머리수리, 푸른색과 연한색의 대비가 뚜렷한 도마뱀 등 처음 만나는 동물을 주의 깊게 관찰했다. 트와인들 방식을 따라 대나무 마디를 잘라서 수통 대신으로 쓰거나 비벼서 불을 피우고 감자벌레를 구워서 먹기도 했다.

고릴라의 모습은 좀처럼 보이지 않았지만 부드러운 땅에 선명하게 찍힌 손자국이나 발자국에 자신의 손을 대보면서 고릴라의 크기를 짐작할 수 있다. 고릴라들은 매일 밤 다른 장소에서 잠자리를 만들고 잔다. 잠자리에 남은 똥을 보면 어떤 고릴라들이 몇 마리 그곳에서 잤는지 알 수 있다. 이렇게 해서 아직 보지 못한 고릴라들의 삶을 상상할 수 있게 되었다.

숲속 거인의 박력 있는 돌진

아프리카의 적도 바로 아래 해발 2000미터가 넘는 산들을 오르내리며 고릴라의 발길을 따라 걷는 것은 매우 즐거웠다. 산악지대의 숲에는 낮은 나무들만 있어서 햇빛이 풍부하게 비치고 땅은 빼곡히 풀로 덮여 있다. 그렇기 때문에 고릴라가 지나간 뒤에는 풀이 죽어 있어서 어느 쪽으로 갔는지 금방 알 수 있다.

때때로 주변의 풀이 온통 쓰러져서 광장처럼 되어 있는 경우가 있다. 아무래도 고릴라들이 여기서 쉰 것 같다. 분명 어린 고릴라들이 옥신각신 맞붙어 놀고, 추격전을 했기 때문에 풀이 짓밟혔을 것이다. 덩치 큰 고릴라가 누워 쉰 흔적이 있다. 풀 사이에 흰 털이 끼어 있어서 등이 흰 실버백이라는 것을 알 수 있다. 고릴

라 수컷은 13살이 지나 어른이 되기 시작하면 등에 난 털이 말안장처럼 하얗게 변한다. 이런 수컷을 '은빛 등', 실버백이라고 부르는 것이다.

고릴라가 밟고 걸어간 길에는 고릴라의 똥이 떨어져 있다. 삼각주먹밥이 이어진 것 같은 형태를 하고 있으며 떨어진 지 얼마 되지 않아 아직 김이 나는 똥도 있다. 똥을 헤쳐 보면 안에는 식물 섬유가 가득 차 있다. 나뭇잎과 나무껍질을 먹은 것이다. 때마침 똥 안에 크고 작은 씨(종자)가 들어 있다. 과일을 먹었을 때 통째로 삼켜 씨가 소화되지 않고 똥에 섞여 나온 것이다. 씨의 크기와 모양은 과일에 따라 다르니 어떤 과일을 먹었는지 씨로 알아볼 수 있다. 나는 걷다가 발견한 과일을 닥치는 대로 모아 씨앗을 표본으로 만들어 두기로 했다. 이렇게 하면 똥에서 발견된 씨로 고릴라가 먹은 과일을 알 수 있다.

매일 고릴라의 뒤를 쫓을 때였다. 근처에서 고릴라 소리가 들리고 나무가 바스락거리며 흔들리는 일이 있었다. 고릴라다! 우리는 긴장해서 몸을 웅크리고 소리를 내지 않으려고 풀숲을 기어갔다. 그러자 어린 고릴라들이 나뭇가지에 매달려 놀고 있는 것이 눈에 들어왔다. 쌍안경을 꺼내 들여다본다. 엉덩이 한가운데 하얀 털이 있다. 아직 젖먹이다. 엄마와 떨어져 놀고 있으니 두세 살일 것이다. 더 자세히 보려고 몸을 뻗자마자 고릴라는 내가 있는 걸 눈치

챈다. 우우우 소리를 지르며 나무를 미끄러져 내려간다. 그러자 바로 가까이에서 캬오 하는 천둥소리가 났다. 눈앞의 풀숲이 둘로 갈라지며 커다란 수컷 고릴라가 돌진해 온다. 나도 모르게 공포에 질려 뒷걸음질을 쳤다. 등골이 얼어붙어 몸이 움직이지 않는다. 고릴라는 순식간에 2미터 거리까지 날아와 굵은 팔로 내 발밑 풀을 좌악 후려쳤다. 크게 벌린 입에는 긴 송곳니가 삐죽 나와 있다. 그리고 나를 노려보더니 발길을 돌려 천천히 숲속으로 걸어갔다.

나는 잠시 숨을 쉴 수 없었다. 그만큼 숲속의 거인의 모습은 강렬했고, 마인(魔人)과 같은 박력이 넘쳤던 것이다. 나는 무서움을 넘어 그 위엄에 압도당하고 있었다.

새끼에게 상냥한 실버백

등이 흰 거대한 실버백의 박력 있는 돌진에 나는 한동안 공포심에 사로잡혔다. 고릴라 무리에 다가갈 때 어린 고릴라가 나뭇가지 끝에서 천진난만한 얼굴을 보인 적이 있었다. 의외로 근처 풀숲에서 조금 큰 새끼 고릴라가 호기심 어린 눈으로 우리를 바라보기도 했다. 하지만 어딘가에 실버백이 숨어 있다고 생각하니 불안이 엄습해오며 가슴이 조였다. 갑자기 커다란 굉음과 함께 습격할지도 몰라서 공포에 떨었다.

그래서 고릴라 무리에 접근할 때는 먼저 실버백을 확인하기로 했다. 그 위치를 항상 살피면서 암컷과 새끼를 관찰하면 위험을 감지하기 쉽다고 생각했기 때문이다. 그러자 흥미롭게도 암컷과 새끼들도 늘 실버백에 주의를 기울이고 있다는 것을 알게 됐다.

어린 고릴라들은 인간의 아이와 마찬가지로 호기심이 왕성하다. 우리가 다가가면 무섭다고 느끼더라도 조심조심 눈치를 본다. 이쪽이 가만히 있으면 가슴을 두드리거나 나무를 흔들어 이쪽의 주의를 끌려고 한다. 하지만 그때 힐끗 실버백을 보는 것이다.

마치 실버백에게 혼나지 않을까 신경을 쓰는 듯했다. 확실히 실버백은 이따금 크고 낮은 목소리로 짖는 경우가 있다. 그러면 새끼들은 움츠리고 우리를 떠난다. 실버백의 목소리는 우리 인간에게만이 아니라 동료 고릴라, 특히 새끼들에게 주의를 주고 있다는 것을 깨달았다.

나는 실버백이 울부짖은 뒤를 잠시 동안 쫓을 수 있게 되었다. 실버백은 우리의 접근을 허용하지 않았지만 20~30미터 거리를 두고 있으면 우리를 쫓아낼 수 없게 된다. 그러자 멀리서 실버백 주변에 새끼들이 모여드는 것을 관찰할 수 있게 됐다. 아직 어린 고릴라는 엄마의 가슴과 등에 매달려 있었지만 혼자 뛰어다니는 연령의 새끼들은 실버백을 따라다니는 경우가 많았다. 새끼들은 발에 엉키듯 따라다녔고 하얀 등에 기어올라 신바람이 났고 실버백이 누워 있으면 지체 없이 커다란 몸에 기대어 쉬었다.

그 모습을 보고 나는 실버백이 천둥처럼 울부짖으며 돌진해 온 이유를 알 것 같았다. 지켜야 할 중요한 것이 있었기에 실버백은 적인 우리들 인간을 물리치려 했던 것이다. 새끼들에게 상냥한 반면 실버백은 적에 대해서는 커다란 위협을 가하는 것이다. 그렇기 때문에 새끼들은 실버백에게 깊은 신뢰를 갖는다.

나는 그 모습이 매우 부러웠다. 인간은 그런 강한 신뢰감으로 맺어져 있을까. 고릴라의 새끼들은 실버백 곁에서 어떻게 자랄까. 인간의 아이와는 어디가 다른 것일까. 나는 언젠가 그것이 보고 싶었다.

숲속의 백성에게 인정받다

아프리카 중앙부의 열대우림 숲길 걷기는 모든 게 새로웠다. 파인애플 같은 열매가 떨어져 있어서 따먹으면 새콤달콤한 맛이 나는 것이 촉촉하다. 보라색 비파와 같은 열매는 매우 달아서 얼마든지 먹을 수 있다. 둘 다 고릴라가 가장 좋아하는 음식으로 열매가 열린 나무 밑에는 꼭이라고 해도 좋을 만큼 고릴라의 발자국이 있었고 고릴라가 베어 먹은 열매가 굴러다녔다.

숲속에서는 즐거운 일만 있는 것은 아니다. 다리에 따끔하고 날카로운 통증이 느껴져서 주변을 둘러보면 하얀 가시가 무수히 돋아

나 있는 쐐기풀 초원이거나 한다. 함께 걷던 트와인 남자가 소리를 지르며 달리기 시작했기 때문에 무심코 발밑을 보니 큰 개미 몇 만 대군이 떼를 지어 걷고 있다. 사슴벌레 같은 입을 한 병정개미가 바지를 물고 기어오른다. 순식간에 온몸을 물리고 비명을 지르며 도망치게 된다.

그래서 숲길을 걸을 때는 현지인인 트와인들의 협조가 필수적이다. 이들은 불과 몇 년 전에 국립공원이 생기기 전까지 이 숲에서 사냥과 채집 생활을 하며 살았다. 언제, 어디에, 어떤 것이 있는지 잘 알고 있다. 나는 숲길 걷기를 마친 저녁 무렵 트와인 마을을 방문하여 숲에 대한 이야기를 들었다.

현지인들과 대화하려면 현지 언어인 스와힐리어를 습득할 필요가 있다. 나는 우선 니니(무엇입니까), 나무나가니(어떻게 된 겁니까)라는 질문을 외웠다. 이 말을 사용하면 일단 말과 사물을 대조하여 확인할 수 있기 때문이다. 현지 아이들은 외국인이 드물고 흥미진진해서 몰려온다. 여러 가지를 가리키거나 동작을 해서 물어보면 재미있고 자랑스럽게 알려준다. 아이들과 친해지면 그 엄마들에게도 여러 가지를 들을 수 있다. 그곳에서 얻은 지식을 이번에는 숲속에서 시험하는 것이다.

그러다가 트와인 남자들과도 터놓고 뭐든지 얘기하게 되었다. 특히 숲길을 걷다가 돌아가는 길에 지역 마을에서 '카시키시라'는 바나나로 만든 토속주를 마실 때는 모두 이야기하기를 좋아한다. 그동안 외국인과 함께 마셔본 적이 없었기 때문에 다들 처음에는 당황스러움과 망설임도 있었다. 하지만 내가 단편적으로 떠듬떠듬 일본 이야기를 하면 그런 세계도 있었냐며 모두 귀를 기울였다.

그런 교제가 효과가 있어서 나는 점점 자유롭게 숲길을 걷게 되었다. 출입이 엄격히 금지된 국립공원에서는 캠프를 하는 데도 장관의 허가가 필요하다. 처음에는 그 허가가 나지 않았는데 트와인들이 장관에게 일부러 부탁을 해준 것이다. 분명 나와 함께 숲에서 숙식을 하는 게 아주 즐거울 거라고 기대했음에 틀림없다. 덕분에 나는 2주 정도의 식량을 메고 숲 깊숙이 들어가 고릴라의 잠자리 근처에 텐트를 치고 하루종일 고릴라 뒤를 쫓아다닐 수 있게 되었다.

온세상 별을 바라보며 모닥불을 둘러싸고 있으면 바로 근처에서 고릴라가 가슴을 두드리는 소리가 들린다. 그러면 또 트와인들의 고릴라에 얽힌 이야기에 꽃이 핀다. 나는 점차 아프리카 숲 이야기에 매료되었다.

마운틴고릴라의 산으로 가다

야생 고릴라 무리 속에 들어갈 수 있었던 것은 조사를 시작하고 상당한 시간이 지났을 때의 일이다. 카후지산에서는 좀처럼 고릴라가 인간에게 익숙해지지 않았기 때문에 나는 다른 곳에 가보기로 했다.

그 무렵 카후지산에서 200킬로미터 정도 떨어진 곳에 비룽가 화산군이라는 곳이 있었다. 나보다 20년이나 앞서 이타니 준이치로 선생님이 고릴라 연구를 시작한 곳이다. 1960년에 독립분쟁이 일어나 조사는 중지됐으나 후에 미국인 다이앤 포시 박사가 들어와 고릴라를 연구하고 있었다. 이곳의 고릴라는 마운틴고릴라로 불리며 해발 3000미터가 넘는 고지에서 살고 있기 때문에 털이 덥수룩하게 길고 둥근 몸매를 가지고 있다.

포시 박사는 매일 산을 거닐며 고릴라에게 다가가 가능한 한 고릴라의 몸짓을 흉내 내며 동료가 되려고 했다. 그것이 효과를 얻어 고릴라는 경계심을 풀고 박사에게 다가와 손으로 만지기까지 했다. 그 이야기를 듣고 나는 꼭 비룽가의 마운틴고릴라를 만나러 가야겠다고 생각했다. 케냐의 나이로비라는 도시에서 간신히 박사를 만나 허락을 구했을 때를 나는 잊을 수가 없다. 박사는 나를 보자마자 "고릴라의 목소리를 내보세요."라고 했다. 즉 내가 고릴라처럼 굴 수 있는지 테스트를 한 것이다.

고릴라끼리 다가갈 때 구구흠 하는 낮은 목소리를 낸다. 깊은 덤불에 가려 상대방의 모습이 보이지 않을 때 이 목소리로 상대를 확인할 때가 있다. 만약 대답하지 않으면 우호우 하는 조금 높은 목소리를 던진다. 이게 'Who are you?'(누구세요?)라고 말하는 것처럼 들리니까 포시 박사는 '묻는 소리'라고 이름을 붙였다. 이 음성을 듣고 바로 대답하지 않으면 공격받을 위험이 있다. 물음에 답하지 못하는 상대는 고릴라가 아니다. 자신들의 안전을 위협하는 적일지도 모르니 바로 경계하는 것이다. 그래서 야생 고릴라에게는 인사에 답하는 것이 매우 중요한 일이다.

포시 박사 앞에서 몇 번인가 고릴라의 인사소리를 냈다. 가만히 듣고 있던 박사는 별로 잘하지 못한다면서도 내가 고릴라를 만나러 가는 것을 허락해줬다. 나는 온몸이 떨리는 것을 느꼈다. 드디어 고릴라 곁으로 갈 수 있다. 나는 이미 고릴라 사이에 앉아 있는 것 같은 기분이 들었다.

곧바로 짐을 싸서 비룽가 화산군으로 향했다. 당시 포시 박사는 미국으로 돌아갔기 때문에 나는 혼자 산을 올랐다. 트럭의 짐칸에 흔들리며 돌멩이 투성이의 길과 우기로 질척거리는 산길을 돌파하여 포시 박사가 세운 캠프에 도착했다. 그곳은 별세계였다. 이끼 낀 큰 나무가 숲의 정령처럼 서 있고 축축하고 차가운 바람이 불고 있었다. 야영지는 하얀 안개로 뒤덮였고 태양새가 형형색색의 날개를 펄럭이며 내려왔다.

이미 포시 박사에게서 전언이 도착해 있어서 캠프 스태프는 나를 따뜻하게 맞이해주었다. 멀리서 고릴라가 가슴을 두드리는 소리가 들려왔다. 칠흑 같은 어둠 속에서 잠에 빠진 나는 고릴라가 된 꿈을 꾸고 있었다.

무리에 들어가서 인사

그것은 12월의 어느 날, 산들이 짙은 안개로 뒤덮인 날의 일이었다. 다이앤 포시 박사에게 허가를 받아 비룽가 화산군에 온 나는 처음으로 마운틴고릴라를 만나러 산을 올랐던 것이다.

그날 아침 캠프를 나서기 전 포시 박사의 조수 피터에게서 "고릴라 가까이에 가면 트림 소리를 내야 해"라고 반복해서 들었다. 이것은 포시 박사에게도 들은 말이다. 그 소리는 고릴라가 구구흠 하고 내는, 인간의 트림과 비슷한 음성이다. 고릴라끼리 가까워질 때나 조금 떨어져 서로의 존재를 확인할 때 내는 인사소리다.

나는 렐카나라는 현지의 베테랑 가이드를 따라 걸었다. 그는 10년 전부터 포시 박사와 함께 숲을 다녀서 이 근처 지리를 잘 알고 있었다. 마침내 고릴라들이 방금 지나간 발자국을 발견했다. 나는 용감하게 앞으로 나가자고 렐카나를 재촉했다. 그런데 렐카나는 고개를 흔들며 "안 돼, 여기서부터는 너 혼자 가"라고 말하는 것이다.

나는 깜짝 놀랐다. 콩고 카후지산에서는 항상 숲을 알고 있는 트와인족 사람과 함께 다닌 데다 고릴라에게서 공격받으면 무기가 없는 나는 자신을 지킬 수 없기 때문이다. 하지만 렐카나는 "고릴라들은 검은 인간을 미워한다. 내 모습을 보면 화를 내며 돌진하지. 너 혼자가 더 안전할 거야"하고 태연하게 말했다. 나도 각오를 다질 수밖에 없었다.

그러고 나서 나는 슬쩍 덤불을 가르고 앞으로 나아갔다. 입안이 바싹 말랐다. 50미터 정도 걸었을 때 고릴라 냄새가 났다. 구구흠 하는 낮고 어두운 목소리가 들린다. 어린 고릴라들의 놀이 소리다. 있다! 나는 잡고 있던 덩굴을 들어 올리고 나도 모르게 머리를 들이밀었다.

순간 온몸의 털이 곤두서는 것을 느꼈다. 눈앞에 커다란 몸집을 한 실버백이 팔짱을 끼고 앉아 나를 물끄러미 바라보고 있었던 것이다. 내 모습을 보고 고릴라들의 움직임이 멈췄다. 털을 정돈하던 암컷, 뒹굴던 새끼, 레슬링을 하던 새끼들이 모두 멈칫하고 가만히 나를 주시하고 있다. 머릿속이 하얗게 되며 나는 정신이 혼미해질 것 같았다. 조금만 움직이면 고릴라들이 덤벼든다. 그런 생각이 들었다.

몇 초가 지났다. 나도 고릴라들도 화석처럼 굳어 있었다. 그때다. 실버백이 한 번 구구흠 하고 깊은 울림이 있는 목소리를 낸 것이다. 고릴라들은 일제히 아무 일도 없었다는 듯이 움직이기 시작했다. 레슬링이 재개되고, 털을 고르던 손이 움직이기 시작했다. 나는 퍼뜩 정신이 들었다. 맞다! 인사 소리다!

당황한 나는 '구구흠, 구구흠' 소리를 연발했다. 실버백도 다른 고릴라들도 이젠 내게 주의를 기울이지 않는다. 고릴라들이 받아들인 것을 깨달았다. 내가 인사를 해서가 아니다. 실버백의 목소리가 고릴라들에게 내가 위험한 인간이 아님을 알린 것이다. 위험할 뻔했다. 실버백의 순간적인 판단으로 내 목숨은 구원받은 것이었다.

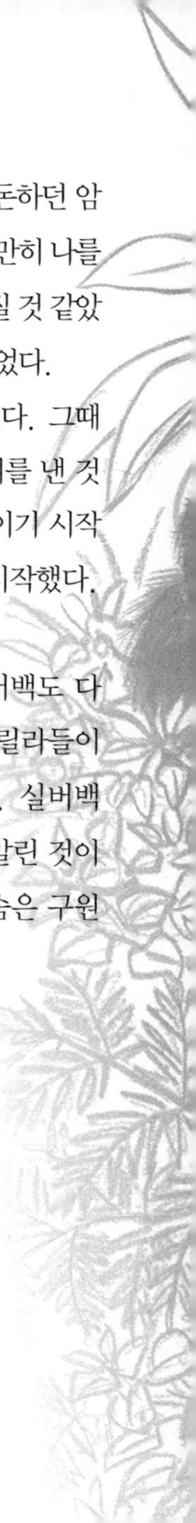

제 2 장

놀이, 웃는 고릴라

새끼들 놀이에 초대되다

일단 고릴라 무리에 받아들여지자 고릴라의 새끼들은 적극적으로 나에게 다가왔다. 내가 소리를 내면 물끄러미 바라보며 무엇을 하고 있는지를 주의 깊게 관찰했다. 쌍안경을 들어 올리면 얼른 다가와 렌즈를 들여다보았다. 구두끈을 다시 조이면 구두에 얼굴을 대고 끈을 핥는다. 내가 걸터앉으면 바로 옆에 앉아 팔짱을 끼고 곁눈질을 해가며 나를 힐끔힐끔 쳐다본다. 아무래도 나라는 인간이 신기하고 재미있다는 생각에 바라보고 있는 것 같았다.

그러던 어느 날 고릴라 새끼들 놀이에 초대를 받았다. 고릴라끼리 몸싸움을 하거나 뒤쫓다가 갑자기 움직임을 멈추고 나에게 다가온다. 그리고 가만히 내 얼굴을 쳐다보다 신발이나 바지를 당기는 것이다. 내가 무시하고 있으면 구고구고구고 소리를 내며 다시 나를 바라본다. "뭐야, 놀고 싶지 않아?"라고 말하는 것 같다. 이 목소리는 웃음소리다. 목이 아니라 배를 들썩이며 웃고 있는 것이다. 마치 부엉이가 소리를 내는 것처럼 들린다. 그럴 때 고릴라의 눈은 금빛으로 빛나고 호기심을 불태우는 것처럼 보인다.

놀이 초대에 모르는 체해도 고릴라들은 포기하지 않았다. 바싹 다가와 큰 배를 내밀어 밀어붙이고는 손을 뻗어 내 어깨와 머리카락을 잡는다. 목에 걸고 있던 쌍안경까지 손에 쥐고 가만히 렌즈를

들여다보는 상황이다. 어떻게든 해야 한다는 생각이 들었다. 고릴라의 자연스러운 행동을 관찰하고 싶은데 고릴라가 나에게 정신이 팔려 있어서는 안 된다. 내가 가까이 있어도 고릴라가 신경쓰지 않게 되는 것이 이상적이다.

그래서 고릴라가 조금 화가 났을 때 내는 목소리를 써봤다. 그 소리는 크악, 크악 하는 기침 같은 음성이다. 고릴라끼리 음식을 둘러싸고 다퉜을 때나 다른 고릴라들의 싸움을 말릴 때 낸다. 사실 나도 고릴라에게 너무 가까이 다가가거나 맛있어 보이는 딸기를 집어 들고 있는 고릴라 곁을 지나갈 때 이 소리를 들은 적이 있었다. 아무래도 가벼운 위협을 의미해 상대의 움직임을 멈추게 하거나 가까이 오지 못하게 하는 효과가 있으리라 생각되었던 것이다.

효과는 즉시 나타났다. 놀려고 다가온 고릴라에게 크악, 크악 하고 소리를 내자 이내 고릴라는 멈춰 서서 내 얼굴을 물끄러미 바라보았다. 마치 내 마음을 확인하는 것 같았다. 틈을 두지 않고 바로 크악, 크악 하고 작게 울부짖자 고릴라는 구후움 하고 낮게 신음하며 떠나간 것이다. "통했다!"

나도 모르게 소리를 질렀다. 고릴라가 내 마음을 이해해준 것이다. 나는 기분이 좋았다. 그리고 나는 고릴라가 너무 가까워지면 크악, 크악 하고 소리를 내어 고릴라의 움직임을 멈추게 했다. 고릴라가 정확히 내 말을 들어주어서 나는 고릴라에게 개의치 않고 가까이서 관찰할 수 있게 되었다.

먼저 얼굴과 이름을 외운다

비룽가 화산군에서 마운틴고릴라 조사를 시작했을 때 내가 가장 먼저 실시한 것은 고릴라의 얼굴과 이름을 기억하는 것이었다.

사실 인간 이외의 동물에게 이름을 붙이는 일은 옛날부터 행해졌다. 어느 나라에서나 개와 고양이 등 애완동물, 소, 염소, 양 등 가축에 이름을 붙인다. 흔히 외딴 동네에 나타나는 야생 동물, 예를 들면 너구리나 여우에게도 이름을 붙이는 일이 있었다. 그런 동물들은 옛이야기에 등장해 인간과 지혜를 겨루고는 했다.

그런 내용을 책에 써서 동물 이야기로 꾸며낸 것은 『시튼 동물기』가 최초일 것이다. 19세기 말 시튼은 북아메리카 황야에서 사는 늑대와 여우와 토끼를 주인공으로 삼아 이야기를 썼다.

늑대 왕 로보와 여우 스카페이스가 인간이나 다른 야생동물을 상대로 활약한다. 시튼은 목장주인과 사냥꾼들에게 야생동물의 모습을 상세히 듣고 자신도 생태와 행동을 조사하면서 다큐멘터리에 가까운 이야기를 많이 썼다.

안타깝게도 이 이야기는 문학이므로 사실에 근거한 과학적인 보고로는 인정받지 못했다. 그러나 동물들에게 이름을 붙여 그 행동을 그리는 방법은 일본 동물학자들이 물려받았다. 20세기 중반쯤 세계 최초로 야생 원숭이 연구를 시작한 교토대 연구자들은 원숭이 한 마리 한 마리에게 이름을 붙여 그 행동을 기록하기 시작했다. 영웅에게만 이름을 붙였던 시튼에 비해 일본원숭이학자들은 모든 원숭이에게 이름을 붙여 원숭이 사회를 알려고 했다.

고릴라 연구를 지도해 준 포시 박사도 일본의 원숭이 학자에게 배워서 관찰한 모든 고릴라에게 이름을 붙였다. 나를 처음 받아준 수컷은 베토벤이라는 이름이었고, 그 아들로는 브람스, 버르토크라는 큰 수컷이 있었다. 세 마리가 함께 가슴을 두드리면 마치 교향악처럼 숲에 울려 퍼졌기 때문이라고 한다. 암컷에게는 에피, 팬치, 퍽, 턱과 같이 귀여운 이름이 붙어 있었다. 무슨 이유에서인지 모르지만 어린 고릴라에게는 텍사코, BP 같은 석유회사 이름, 더비, 산두쿠(현지 스와힐리어로 '상자'라는 뜻) 등 즉흥적으로 지어진 듯한 이름도 있었다.

재미있는 일은 빗미라는 이름의 젊은 수컷인데 영어로 'Beat me'(놀랐다)라는 뜻이다. 외부에 있던 이 수컷이 갑자기 무리에 들어와서 놀란 것이다. 내가 좋아한 고릴라는 셰익스피어의 비극『타이터스 앤드러니커스』에 등장하는 로마 장군의 이름을 딴 타이터스였다. 작중의 잔혹한 살생과는 전혀 다른 고릴라 타이터스는 이제 막 여섯 살이 된 온화하고 익살스러운 어린 수컷이었다. 코 위에

T자 주름이 있어서 붙여진 이름이다. 이 주름은 성장한 후에도 변하지 않아서 비문(鼻紋)으로서 그 개체를 식별하는 지표가 되고 있었다. 나는 곧바로 비문을 노트에 그려 고릴라의 얼굴과 대조하면서 이름을 외웠다.

고릴라의 식탁

아침부터 밤까지 고릴라를 따라 걷다 보면 기분이 이상하다. 나 이외의 인간은 아무도 없기에 자신이 고릴라가 된 것 같은 기분이 드는 것이다. 야생의 큰 셀러리나 가시가 날카로운 엉겅퀴를 고릴라가 우적우적 먹고 있는 것을 보면 먹고 싶어져서 나도 모르게 손에 쥔다. 그런데 입에 넣어보면 너무 쓰다. 게다가 가시가 입에 찔려서 도저히 먹을 수 없다. 이 얼마나 튼튼한 입과 위를 가지고 있는가 하고 감탄할 정도다.

근처에 고릴라가 왔을 때 살짝 먹는 모습을 엿본 적이 있다. 확

실히 새끼들 손도 야구 글러브처럼 크다. 껍질도 두껍고 뾰족뾰족한 엉겅퀴의 가시 따위 별거 아니라는 느낌이다. 하지만 입은 의외로 섬세해 보인다. 입술이 너무 얇아서 분홍색 입안은 부드러워 보인다. 가끔 입술을 내밀고 팔의 털을 핥아서 빗어준다. 우리 인간과 별로 다르지 않은 것 같다. 그런 입으로 먹기 힘든 식물을 어떻게 먹을 수 있을까?

식물의 잎은 광합성을 하고 영양을 만드는 중요한 기관이다. 천적은 잎을 먹는 풀벌레와 식물을 통째로 먹는 동물이다. 그래서 잎에는 탄닌이나 리그닌이라는 화학 물질이 함유되어 있어 먹으면 쓰거나 아리다. 또한 날카로운 가시를 길러서 동물에게 먹히지 않도록 방어하고 있다. 가시로 보호받고 있는 식물은 화학 물질을 별로 포함하지 않기 때문에 가시만 제외하면 맛있다. 인간은 삶거나 두드려서 이러한 화학 물질이나 가시를 없애고 식탁에 올리는 것이다.

하지만 벌레나 동물들은 조리할 수 없다. 어느 날 나는 고릴라들이 멋진 방법으로 그 문제를 해결하는 것을 보았다. 비룽가의 높은 산 위에는 쐐기풀이라는 작은 가시가 무성히 자라 있는 식물이 있다. 일본에서도 쐐기풀이 나는데 손으로 잡으면 가시에 찔려서 너무 아프다. 하지만 튀김 등을 해 먹으면 아주 맛있다.

고릴라들이 쐐기풀 초원에 자리를 잡았을 때 베토벤이라는 이름의 커다란 실버백이 쐐기풀 줄기를 한 손으로 움켜쥐고 위를 향해 쓱쓱 훑는다. 위를 향해 달려 있는 잎이 모두 베토벤의 손안에 들어간다. 다른 한 손으로는 가볍게 쥔 손안에 있는 잎을 잡아당겨 잎 뭉치를 입안에 집어넣고 이빨을 이용하여 그것을 접는다. 그런 다음 천천히 쐐기풀 잎사귀를 물어뜯어 먹기 시작한 것이다.

과연 하고 나는 생각했다. 쐐기풀의 가시는 위를 향해 나 있기 때문에 위로 훑으면 손에 박히지 않는다. 손으로 가시 방향을 가지런히 하고 이빨로 접으면 입에 박히지 않는다. 고릴라는 손과 입을 이용해 쐐기풀을 먹는 기술을 지니고 있었던 것이다. 높은 산 위에는 과일이 적기 때문에 원숭이가 거의 살지 않는다. 고릴라는 이런 채식 기술을 익힌 덕분에 먹거리 확보에 어려움 없이 이 채소의 낙원을 자신의 것으로 만들었을 것이다. 고릴라가 갑자기 현명하게 보이기 시작했다.

고릴라가 들여다보러 왔다

비룽가 화산군의 한쪽에 있는 비속산 숲속에서 평소처럼 마운틴 고릴라와 함께 쉬고 있을 때의 일이다. 실리라는 이름의 젊은 수컷 고릴라가 다가왔다. 10살이지만 아직 성장한 수컷처럼 등의 털이 하얗게 되지 않았다. 그래서 어른 수컷의 실버백 중 젊은 수컷은 블랙백이라고 불린다. 그런데 이제는 암컷보다 크고 100킬로가 넘는 강인한 몸이 되어 있다.

실리는 내 곁에 오자 뚫어지게 내 얼굴을 바라보기 시작했다. 곤란한데 하고 나는 생각했다. 그때까지 일본원숭이를 조사해 온 바로는 상대방 얼굴을 뚫어지게 바라보는 것은 가벼운 위협으로, 강한 원숭이의 특권이다. 약한 원숭이는 쳐다보면 시선을 돌리거나 이를 드러내며 자신이 싸울 마음이 없음을 밝혀야 한다. 그래서 실리도 나를 위협하고 있다고 생각했기 때문에 나는 고개를 내려뜨리고 실리를 보지 않으려고 했다. 일본원숭이라면 이걸 보고 바로 떠나준다.

그런데 실리는 더 가까이 다가와 가만히 내 얼굴을 들여다보는 것이다. 거리는 불과 20센티미터 정도다. 실리의 콧바람이 내 얼굴에 닿는다. 실리의 커다란 얼굴 윤곽이 흐려져 그곳으로 빨려 들어가는 것 같았다. 나는 무서워서 가만히 고개를 내려뜨리고 있었는데 실리는 무려 1분 가까이 얼굴을 가까이 하고 있었던 것이다.

마침내 실리는 두세 걸음 물러서더니 유심히 내 얼굴을 들여다보다가 구흠 하고 낮게 으르렁 거렸다. 그리고 천천히 발길을 돌려 떠났으나 나는 실리가 납득하지 않는 것 같은 생각이 들어 견딜 수 없었다.

그래서 나는 지금보다 더 주의 깊게 고릴라들의 행동을 관찰하기로 했다. 그러자 놀랍게도 고릴라는 수시로 얼굴과 얼굴을 근거리에서 마주보는 것이다. 예를 들면 상대방을 놀러 가자고 이끌 때 가까이 얼굴을 들여다본다. 상대가 반응하면 서로 엉겨 붙어 레슬링을 하거나 뒤쫓기를 시작한다. 잠시 헤어져있던 동료와 재회할 때도 서로 다가가 얼굴을 마주한다. 마치 인사를 나누고 있는 것처럼 보인다.

내가 감탄한 것은 싸움이 일어난 후의 화해로서 얼굴을 마주하는 것이다. 맛있는 음식과 쾌적한 휴식처를 둘러싸고 고릴라 간에는 종종 분쟁이 일어난다. 때로는 그것이 고조되어 부딪혀 싸움이 될 때가 있다. 비명이 터져 나오고 싸움을 비난하는 소리가 주위에서 일제히 터져 나온다. 그러자 싸움을 한 당사자와 그 싸움을 말리러 들어간 고릴라가 얼굴과 얼굴을 마주하고 가만히 정지하는 것이다. 마치 고조된 기분을 억제하고 서로의 마음을 통하려는 듯이 보였다. 나는 이것을 "마주보기 행동"이라고 이름 지었다. 마주보기는 싸움이 일어나려고 할 때도 나타난다. 대치하고 있는 양쪽을 보고 가까이 있던 고릴라가 얼굴을 마주하러 가는 것이다.

아마도 고릴라들은 얼굴을 마주보며 마음을 하나로 모아서 평화로운 때를 공유하기 위해 이 행동을 발달시켰을 것이라고 생각한다.

물거품 소리와 같은 웃음소리

야생 고릴라와 만나기 전까지 고릴라는 웃지 않을 것이라고 나는 생각했다. 그때까지 조사하던 일본원숭이는 웃지 않았다. 웃는 것처럼 이를 드러내는 것은 자신보다 강한 원숭이를 만났을 때 자신이 약하다는 것을 나타내는 표정이다. 결코 즐거운 게 아니다. 어린 원숭이들이 레슬링을 할 때 입을 크게 벌리고 상대를 호들갑스럽게 깨무는 행동을 한다. 이 모습이 웃음에 가까운 표정이라고 하지만 웃음소리는 아니다.

내가 학창 시절 갔던 일본 동물원에는 새끼 고릴라가 없었다. 동물원에선 새끼가 좀처럼 태어나지 않았던 것이다. 어른 고릴라는 수컷이나 암컷 모두 뚱하게 침묵을 지키는 일이 많다. 그래서 나는 고릴라에게는 웃음이라는 표정이 없다고 생각했던 것이다.

그러나 야생 고릴라는 많은 새끼들과 가족생활을 영위한다. 그러던 와중에 나는 뜻하지 않은 수많은 웃음과 만난 것이다.

어느 날 나는 커다란 하게니아 나무 밑에서 쉬고 있었다. 옆에는 6살 된 수컷 타이터스라는 고릴라가 있었다. 인간이라면 초등학교 고학년 정도의 나이이다. 쌕쌕 졸고 있었기 때문에 나도 관찰하던 것을 일시 중단하고 꾸벅꾸벅 졸고 있었다. 그러자 갑자기 구고구고구고하고, 마치 물거품이 내는 소리가 들렸다. 옆을 보니 타이터스가 하게니아 줄기 사이에 뚫린 큰 동굴을 들여다보고 있었다. 손을 넣어서 열심히 뭔가를 잡으려는 것 같았다. 타이터스 곁에서 들여다보니 안에는 고양이만한 크기의 동물이 있었다.

"나무타기바위너구리다!"하고 나는 마음속으로 외쳤다. 야행성이어서 해가 진 후 얼마 지나지 않아 어둠을 찢는 듯한 높은 소리를 지른다. 마치 아기가 우는 것처럼 들린다. 낮에는 나무의 빈 구멍에서 자고 있는 경우가 많기 때문에 타이터스는 자고 있던 나무타기바위너구리를 발견한 것이다.

훗, 훗 하고 나무타기바위너구리는 낮은 신음소리를 낸다. 경계하고 있는 것이다. 타이터스가 뻗었던 손을 움츠린다. 하지만 포기하지 않고 다시 살며시 손을 뻗는다. 그러다가 마침내 나무타기바위너구리의 등에 손이 닿은 것이다. 타이터스가 입을 벌리고 구고구고구고 소리를 지른다. "웃고 있구나"하고 나는 깨달았다. 분명 타이터스는 나무타기바위너구리와 놀려고 한 행동이다. 신경질적인 상대를 건드릴 수 있었던 타이터스는 흥분하여 자신도 모르게 웃음소리를 냈다.

그런데 도대체 어디에서 이런 물거품 같은 소리가 나오는 걸까. 나는 살며시 타이터스의 배에 손을 댔다. 타이터스는 아랑곳하지 않고 다시 웃음소리를 냈다. 그러자 내가 만지고 있던 배가 부르르 떨렸다. 타이터스의 웃음소리는 배에서 나온 것이다.

분명 나무타기바위너구리도 고릴라와 놀아본 적이 있을 것이라고 나는 생각했다. 타이터스의 웃음소리에 나무타기바위너구리가 안심한 듯 얌전해졌기 때문이다. 고릴라는 웃음소리를 내며 숲속의 동물들과 노는 것이다. 갑자기 정글이 즐거운 공기로 가득 찬 것 같았다.

놀이의 비법을 배우다

야생 고릴라와 사귀기 전에는 고릴라가 이렇게 잘 노는 동물이라는 것을 몰랐다. 아직 고릴라가 나에게 익숙하지 않을 때 고릴라가 지나간 뒤를 따라가면 풀이 온통 한쪽으로 쓰러져 광장이 되어 있는 곳을 마주칠 때가 있었다. 대체 여기서 무엇을 하는 것일까, 하고 신기하게 생각하곤 했다.

고릴라의 생활을 가까이서 관찰할 수 있게 되자 그곳이 고릴라들이 놀았던 곳이라는 것을 알게 되었다. 어린 고릴라들은 웃음소리를 내며 좇아다니고, 마구잡이로 맞붙으며 풀 위를 데굴데굴 굴러다닌다. 그 결과 마치 짓밟은 것처럼 풀이 쓰러져 깨끗한 광장이 되는 것이다.

고릴라 무리에는 다양한 연령의 새끼들이 있다. 10살이 넘으면 잘 놀지 않게 되지만, 엄마의 젖 이외의 것을 먹기 시작하는 1살 정도부터 놀기 시작한다. 몸은 점점 커지기 때문에 나이에 따라 몸의 크기가 다르다. 하지만 연상인 큰 새끼는 연하의 작은 새끼와 아주 잘 놀아준다.

디즈라는 9살 수컷은 어린 새끼들과 자주 놀았다. 뿐만 아니라 아주 오랜 시간 논다. 숨을 헐떡이며 맞붙다가 양쪽 모두 앉기에 이제 끝인가 싶더니 다시 맞붙는다. 그것이 1시간 이상 지속되는 것이다. 구고구고구고 웃음소리가 끊이지 않기에 새끼들은 디즈와 노는 것을 매우 즐거워한다는 걸 알 수 있다.

디즈의 움직임을 보고 있으면 자연스럽게 노는 것 같으나 아주 세련되게 새끼들의 움직임에 맞추고 있음을 알 수 있다. 디즈는 100kg이 넘는 체격이어서 10~30kg 정도 되는 새끼들과는 힘의 세기가 다르다. 그래서 디즈는 새끼들의 힘에 따라 대응을 바꿔야 한다. 살며시 다가가 새끼에게 놀자고 이끌다 자신에게 덤벼들면 일부러 진 것처럼 뒷걸음질 치며 도망친다. 그것을 본 새끼가 뒤쫓는다. 그런 대응을 실제로 잘하는 것이다.

새끼가 쫓기다 굵은 나무 주위를 돌면 이번에는 자신이 빨리 달려서 뒤쫓는 입장이 된다. 속도를 줄이면 다시 쫓기는 처지가 된다. 자신의 힘을 바꿈으로써 상대와의 역할 교대를 할 수 있다. 맞붙을 때도 똑같이 역할을 바꾸어서 상대를 깔아 눕히거나 쓰러지기도 한다. 그 놀이를 반복함으로써 상대하는 새끼들의 힘을 안 디즈가 능숙하게 자신의 힘을 조절하고 있음을 알 수 있다.

놀이에는 규칙이 있다. 놀기 전부터 룰이 있는 것이 아니라 놀이 속에서 자연스럽게 규칙이 형성된다는 것을 나는 깨달았다. 디즈 또한 새끼들에게 맞추고 있기만 하는 것이 아니라 때로는 조금 거칠게 새끼들을 부추기기도 한다. 그러자 새끼들은 흥분해서 평소 이상의 힘을 낸다. 때로는 가슴을 치고 자기주장을 한다. 고릴라에게 그렇게 노는 게 얼마나 즐거운 시간인지 잘 전해졌다.

나는 고릴라에게서 놀이란 즐겁게 사귀는 방법을 배우는 장이라는 것을 배웠던 것이다.

고릴라의 눈이 빛날 때

고릴라들과 친해지고 나서 자주 고릴라에게서 놀이에 초대받았다. 무리 속에서 열심히 관찰기록을 쓰고 있으면 갑자기 바지를 잡아당긴다. 등에 몸을 부딪쳐 오기도 하고, 슬쩍 다가와 내 머리카락을 잡아보는 새끼도 있다. 인간이 입고 있는 옷과 신발, 그리고 긴 머리카락이 이상한 것이다. 그럴 때는 차분하게 관찰할 수 없기 때문에 한동안 고릴라 새끼들과 어울리기로 한다. 달마대사 같은 고릴라의 몸은 매우 부드러워 마치 털실뭉치처럼 대굴대굴 잘 굴러간다. 하지만 꽤 힘이 세서 잡아당기거나 밀치거나 하면 나도 균형을 잃고 넘어지는 일이 자주 있었다. 팔이 길고 다리가 짧은 고릴라의 몸은 정말이지 굴러다니며 놀기에 잘 되어 있구나 하고 감탄했다.

가끔 고릴라 새끼가 나에게 정면으로 다가와 내 얼굴을 빤히 쳐다본다. 아무래도 놀고 싶어서 견딜 수 없다는 듯한 얼굴이다. 놀랍게도 그럴 때 고릴라의 눈이 반짝반짝 빛나는 것이다. 평소 거무스름한 눈이 금빛으로 변하는 것 같다. 게다가 빛을 머금고 빛난다. 고릴라의 호기심과 설레는 마음이 전해져 나도 모르게 마음이 들떴다.

그런데 자세히 보면 고릴라의 눈에는 흰자위가 없다. 옆을 향하면 희미하게 흰 부분이 보이는 경우도 있으나 정면에서 볼 때 흰자위는 보이지 않는다. 왜 그럴까 했더니 계통적으로 인간과 가까운 침팬지나 오랑우탄, 게다가 원숭이들의 눈에도 흰자위가 없는 것으로 나타났다. 흰자위가 있는 인간이 더 특수한 것이다.

왜 인간에게만 흰자위가 있을까? 생각해 보니 인간끼리는 대면하며 눈을 바라보는 일이 많다. 고릴라는 대면하면 천천히 다가와서 눈을 들여다보지만, 인간은 1~2미터 정도의 거리를 두고 상대를 바라본다. 이야기를 할 때나 함께 식사를 할 때와 같이 몇 시간이나 대면하고 있을 때가 있다. 그럴 때 상대의 눈을 자주 보고 있을 것이다.

말하기 위해서는 대면할 필요가 있다고 생각할지도 모르지만, 소리 내어 말하고 있기 때문에 뒤돌아 있어도 들릴 것이다. 왜 말할 때 마주할 필요가 있을까. 아무래도 눈의 움직임을 흰자위로 파악하여 상대방의 기분을 읽고 있는 게 아닌가 생각된다.

흔히 눈이 네모지다, 삼각형이다, 동그랗게 뜬다고 말한다. 그것은 흰자위와 눈동자에 의해 만들어진 표정이 풍부한 탓이다.

세상 사람들을 보면 눈의 색깔은 다르지만 흰자위는 모두 공통으로 가지고 있다. 그래서 흰자위는 인간이 전 세계로 뻗어나가기 전에 가지고 있던 특징으로 아주 오래된 것이라고 생각한다. 더구나 어떤 눈이 어떤 마음을 나타내는지 다들 선천적으로 알고 있어서 배울 필요가 없다. 말은 다른데 눈의 움직임은 세계 공통이다. 이것은 분명 매우 중요한 인간의 소통 능력이 틀림없다고 나는 생각했다. 하지만 고릴라의 눈빛은 인간의 아이들에게서도 볼 수 있다. 호기심은 어떤 동물의 어린이라도 눈의 반짝임으로 나타날지도 모른다.

제 3 장

고릴라의 가족과 사회

작게 태어나 크게 자라다

어른이 되면 수컷은 200kg, 암컷은 100kg이 넘는 거대한 고릴라들. 하지만 태어날 때는 매우 작다. 인간의 아기는 3kg 정도인데 고릴라의 새끼는 2kg 이하의 작은 몸으로 태어난다.

그것은 인간의 아기가 통통하게 살이 찐 것에 비해 고릴라의 새끼가 너무 말랐기 때문이다. 나는 고릴라 새끼를 키운 적이 있는데 정말 작고 손발이 가늘고 안고 있으면 부서질 것 같았다. 인간의 아기가 살이 찐 것은 태어나자마자 바로 뇌가 급속히 발달하기 때문이다. 고릴라의 3배가 되는 뇌를 가진 사람은 그만큼 많은 에너지가 뇌의 성장에 필요하다. 그것을 인간의 아기는 지방 형태로 저장한 채로 태어난다.

고릴라 새끼는 손발로 잡는 힘이 매우 강하다. 태어나자마자 엄마를 붙잡고 이동해야 하기 때문이다. 고릴라는 집을 갖지 않고 매일 수백 미터에서 수 킬로미터를 걸어 맛있는 음식을 찾아 다른 장소에서 잠자리를 만들고 잠을 잔다. 그렇기 때문에 엄마는 새끼를 안고 운반해야 한다. 태어난 직후에는 엄마가 손으로 안고 받쳐주지만 곧 새끼가 엄마의 털을 잡고 매달리게 된다. 새끼가 스스로 붙잡아 주지 않으면 엄마는 나무에 오르거나 껍질을 잡으면서 손을 뻗어 맛있는 과일을 딸 수 없는 것이다.

나는 고릴라 새끼가 매우 얌전하다는 데 놀랐다. 인간의 아기는 태어나자마자 응애응애 하고 요란하게 운다. 하지만 고릴라 새끼는 아무 소리도 내지 않는다. 간혹 입을 삐죽 내밀어 고고 하는 작은 소리를 내는 정도다. 나는 그것이 고릴라 새끼가 계속 엄마 팔 안에 있기 때문이라는 것을 깨달았다. 고릴라 새끼는 항상 엄마의 몸을 붙잡고 있다. 기분이 나빠지거나 문제가 생기면 엄마의 털을 잡아당기거나 몸을 움직이면 엄마가 알아차린다. 그러므로 큰 소리로 울며 엄마를 부를 필요가 없다. 하지만 인간의 엄마는 아기를 침대에 눕히거나 다른 사람에게 건네주거나 해서 자신의 손에서 떨어뜨린다. 인간의 아기가 울음을 터뜨리는 것은 자신이 보살핌을 받도록 하려는 것이다.

고릴라 새끼는 언제나 누군가 필사적으로 붙잡으려 한다. 손도 크고 일단 꽉 쥐면 결코 놓지 않는다. 인간 아기는 붙잡는 힘이 약해 남의 손에서 손으로 넘어가 자라지만 누구의 손에 안겨도 기분이 좋을 때는 활짝 웃는다. 이것이 큰 차이구나 하고 나는 생각했다. 고릴라의 아기도 인간의 아기도 매우 귀엽다. 주위에 있는 동료가 그 사이에 찾아온다. 그러나 고릴라의 엄마는 생후 1년 동안은 새끼를 자신의 팔에서 놓지 않는다. 반면 인간의 아기는 곧 많은 사람에게 안기게 된다. 고릴라를 통해 바라봤을 때 인간의 신기함을 알 수 있다. 고릴라와 달리 인간은 태어날 때부터 모두에게 귀여움을 받고 자라는 것을 이해할 수 있을 것 같았다.

편들지 않는 아빠

야생 고릴라 새끼는 최소 3년간 엄마 젖을 빨고 자란다. 하지만 태어난 지 1년이 지나면 엄마나 나이가 많은 새끼들이 먹는 음식에 관심을 보여 손으로 만지작거리거나 입에 넣어 보게 된다. 엄마 고릴라가 먹고 있는 것을 가까이서 들여다보기도 하고 먹다 남은 셀러리 조각을 주워 깨물기도 한다.

혼자 걸을 수 있게 되면 새끼는 엄마의 품에서 빠져나가서 이것저것 손에 쥐어 본다. 그런 새끼를 엄마는 안아 올려서 아빠 곁으로 옮긴다. 아빠 고릴라는 등이 하얘 실버백이라고 부른다. 이 하얀 등에 끌려간 새끼는 그 등에 기어오르려고 한다. 흰 털을 잡아당기거나 등을 두드린다. 하지만 아빠 고릴라는 신경 쓰지 않는다. 가끔 구흠 하고 낮은 소리를 내는데 움직이지는 않는다.

그걸 본 엄마 고릴라는 새끼를 실버백 옆에 두고 자신은 슬그머니 자리를 떠난다. 그리고 혼자서 맛있는 음식을 찾아다니는 것이다. 내버려둔 새끼는 엄마의 모습이 보이지 않자 불안한 듯 주변을 두리번거린다. 하지만 걱정할 필요는 없다. 실버백 옆에는 나이가 좀 많은 어린 고릴라들이 모여 하얀 등에 기대거나 기어오르거나 미끄럼틀 대신 놀기 시작한다.

그리고 바로 새끼에게 흥미를 보이며 끌어안거나 간질이기 시작하는 것이다. 새끼는 그런 형이나 누나를 껴안고 놀이에 참가한다. 고릴라 형제는 노는 걸 잘한다. 새끼와도 잘 논다. 새끼가 무서워하지 않도록 살살 안아 올린다. 뒷걸음질 쳐서 새끼에게 자신을 뒤쫓게 한다. 새끼가 적극적으로 매달리면 이번에는 누르거나 굴리면서 새끼를 유도한다. 새끼는 점점 웃음소리를 내며 놀게 되고 다른 새끼들과 열심히 놀게 된다.

이때 실버백 아빠는 엎드려서 못 본 체하고 있다.

하지만 가끔씩 곁눈질로 새끼들의 모습을 살피고 있다. 그러다가 새끼들끼리 다툼이 일어나거나 화를 내는 소리나 비명소리가 들리면 지체없이 몸을 일으켜 새끼들을 멈추게 한다. 굵고 긴 팔을 뻗어 싸우는 새끼들 사이를 떼어놓는 것이다. 새끼들은 금방 얌전해진다. 그래도 싸움을 멈추지 않으면 아빠는 글러브 같은 손으로 새끼의 등을 탁 때린다.

감탄스러운 것은 아빠 고릴라가 결코 특정한 새끼를 편들지 않는다는 것이다. 그래서 반드시 몸집이 작은 쪽을 감싸고 먼저 손을 댄 쪽을 충고한다. 누군가를 특별히

귀여워하는 것이 아니라 싸움을 멈추게 하고 있다는 것을 알 수 있기 때문에 모든 새끼들이 아빠를 따르며 아빠 주변에 모이게 되는 것이다. 그래서 엄마 고릴라도 안심하고 아기를 맡기는 거라고 생각했다.

씩씩한 엄마

고릴라 수컷은 어른이 되면 가슴 근육이 튀어나와 위풍당당한 몸매가 된다. 등에 있는 털이 하얗게 변하고 몸무게는 200kg이 넘는다. 하지만 암컷은 몸이 둥글고 등도 검은 채로 있다. 몸무게도 100kg 정도로 수컷의 절반 수준이다. 그래서 고릴라의 암컷은 도저히 수컷에게는 당할 수 없다고 생각했다.

그런데 예상 밖의 일이 벌어졌다. 어느 날 오후 새끼를 품에 안은 암컷들이 모여 풀밭에 뒹굴며 쉬고 있을 때의 일이다. 갑자기 11살인 젊은 수컷이 등을 젖히고 성큼성큼 다가왔다. 인간이라면 20살 정도다. 아직 등이 하얗게 변하지는 않았지만 몸은 이미 암컷보다 크고 어깨도 넓다. 이 연령의 수컷은 자신의 강인함을 인정받고 싶어서 일부러 난폭하게 구는 경우가 있다. 이때도 근처에 있던 나뭇가지를 끌고 암컷들 앞으로 달려갔다. 암컷들은 컥컥컥 불만스러운 목소리를 냈다.

하지만 어린 수컷은 기가 꺾이지 않는다. 보란 듯이 등을 젖히고 팔을 땅에 세우고서 거만하게 걸었다. 그러자 갑자기 새끼를 등에 태운 엄마 고릴라가 꺽꺽 으르렁거리며 어린 수컷을 향해 갔다. 가까이 앉아 있던 다른 엄마 고릴라도 함께 어울려 수컷과 맞섰다. 주위에서도 일제히 컥컥 비난의 소리가 터져 나왔다. 그러자 어린 수컷도 주춤대며 멈췄다.

그것을 추격하듯 암컷들이 젊은 수컷에게 다가온다. 그중에는 손을 들어 젊은 수컷을 치려는 암컷도 있다. 이래서는 젊은 수컷도 당할 수가 없다. 구흠 하고 으르렁거리며 물러났다. 나는 깜짝 놀랐다. 몸집이 작은 암컷들이 힘을 합쳐 으스대던 젊은 수컷을

물리친 것이다.

고릴라 암컷은 의외로 강할지도 모른다고 생각했다. 암컷들은 완력으로는 젊은 수컷을 당할 수 없다. 게다가 새끼를 안고 있는 엄마는 조심스러울 것이다. 싸움에 휘말려 새끼가 다치면 큰일이기 때문이다. 하지만 그런 약점에도 아랑곳하지 않고 엄마들은 젊은 수컷에게 씩씩하게 다가갔다. 힘을 과시하던 젊은 수컷에게 한 발짝도 물러서지 않겠다는 강한 태도였다.

그것은 젊은 수컷보다 훨씬 덩치가 큰 실버백이 배후에 있기 때문일지도 모른다. 실제로 새끼들에게 난동을 부린 젊은 수컷에게 실버백이 바로 달려들어 순식간에 맞붙어 깔아 눕히는 장면을 나는 여러 번 본 적이 있다. 새끼를 지키기 위해 실버백은 대부분 민감하게 반응한다. 젊은 수컷을 물리친 암컷들의 배후에도 실버백의 눈이 빛나고 있었는데 젊은 수컷은 그 모습에 겁을 먹었는지 모른다.

하지만 실버백이 가까이 있지 않더라도 암컷들은 젊은 수컷을 두려워하지는 않는다. 오히려 적극적으로 수컷의 지나친 행위를 나무라거나 새끼들 곁에서 쫓아내는 것을 나는 보았다. 고릴라의 암컷은 강인한 것이다. 특히 아기를 가진 암컷은 덩치가 큰 수컷이 조심할 정도로 강해진다. 새끼들은 그런 자신감 넘치는 엄마 고릴라에게 새끼들은 양육되고 있는 것이다.

외톨이 고릴라 타이거

아프리카 비룽가 화산군에서 사이가 좋아진 고릴라 가운데 타이거라는 이름의 수컷 고릴라가 있었다. 내가 처음 만났을 때 타이거는 12살. 인간이라면 겨우 20살이 넘은 연령이다. 등의 털은 이제 하얗게 변하여 어른 수컷의 특징이 나타나기 시작했으나 얼굴은 아직 어린 모습을 간직하고 있었다.

고릴라 수컷 대부분은 어른이 되기 전에 태어나서 자란 무리에서 나와 혼자 살기 시작한다. 불과 몇 달 전부터 혼자 살기 시작한 타이거는 자신이 나온 무리 근처를 돌아다녔다. 나는 아침부터 밤까지 그를 따라 걸었고 그가 멈춰 서서 풀을 뜯기 시작하면 앉아 쉬었다. 그가 뒹굴면 가까이 가서 그의 잠든 얼굴을 들여다보았다. 타이거와 몸을 맞댈 정도로 가까이 앉아 있기도 했다. 그럴 때 그의 마음속을 꿰뚫어 볼 것 같았다.

타이거는 혼자 사는 것을 즐기는 것처럼 보였다. 그런 타이거를 우리 연구자들은 외톨이 고릴라라고 불렀다. 보통 고릴라 무리는 해가 뜨면 잠자리를 벗어나 리더인 실버백을 앞세워 채식 여행을 떠난다. 맛있는 셀러리나 나무딸기를 찾아 먹으러 다니면서 점심 무렵에는 기분 좋은 낮잠자리를 찾는다. 하지만 타이거는 아침 해가 떠도 아직 잠자리에 누워 있는 경우가 많았다. 잠자리에서 나와 음식을 찾기 시작해도 조금만 걸었을 뿐 다시 침대로 돌아와 뒹굴 때도 있었다. 그것을 보고 나는 내가 막 혼자 살기 시작한 시절을 떠올렸다. 나도 시간에 구애받지 않고 빈둥거리고 있었기 때문이다. 하지만 타이거는 혼자만의 시간을 감당하지 못할 때도 있었다. 먼 산을 바라보며 멍하니 있거나 낮은 울음소리를 내면서 털 고르기를 하고 있을 때는 쓸쓸한 표정으로 보였다. 그리고 멀리서 실버백이 가슴을 두드리는 소리가 들리자 깜짝 놀란 듯 고개를 드는 것이었다.

어느 날 타이거가 산 정상에서 쉬고 있는데 의외로 가까운 비탈길에서 가슴을 두드리는 소리가 들려왔다. 두드림 소리와 함께 다른 고릴라의 소리도 들리므로 200미터 정도밖에 안 된다. 타이거는 소리가 들리는 방향을 꼼짝 않고 바라보다가 결심을 한 듯 일어나 걷기 시작했다. 전에 없이 진지한 표정을 짓고 있다. 무리의 고릴라들이 보이는 거리까지 다가가자 타이거는 살며시 풀숲에서 얼굴을 내밀었다. 그러자 무리에 있던 실버백이 곧바로 알아차렸고 일어서서 팡팡 힘껏 가슴을 두드린 것이다.

그걸 보자 타이거는 곧바로 발길을 돌려 쏜살같이 원래 있던 정상까지 도망쳐 버렸다. 분명히 두려움을 느꼈을 것이라고 나는 생각했다. 타이거는 아직 무리 리더 수컷들과 겨루기에는 너무 어린 것이다. 타이거는 오늘 아침까지 잤던 잠자리에 드러누워 쌕쌕 숨

소리를 내기 시작했다. 그러나 가끔 몸을 떨면서 드러누운 채 가슴을 치려고 한다. 타이거가 꿈을 꾸고 있는 거라고 생각했다. 꿈속에서 타이거는 멋있게 가슴을 치며 어른 수컷답게 자기주장을 했음에 틀림없다.

수컷들의 청춘

고릴라의 젊은 수컷들은 사춘기가 되면 시련의 시기를 맞이한다. 그 시련은 암컷들이 의지할 정도로 훌륭한 태도를 갖추기 위한 시련이다.

고릴라 사회에서 암컷은 사춘기가 되면 자신이 태어나 자란 무리를 떠난다. 하지만 암컷이 혼자가 되는 일은 결코 없다. 우연히 만난 다른 무리의 수컷이나 혼자 사는 수컷이 마음에 들면 그 수컷을 따라간다. 수컷과 마음이 맞으면 무리를 지어 새끼를 낳는다.

반면 수컷은 자신의 무리를 떠나도 다른 무리에는 들어갈 수 없다. 그 무리의 수컷이 단호하게 들어오는 것을 저지하기 때문이다. 그래서 일단 자기 무리를 나오면 혼자 사는 수밖에 없다. 그것이 싫다면 자기 무리에 머물거나 다른 무리에서 암컷을 유인해 새로운 무리를 지을 수밖에 없다.

그래서 사춘기에 이른 수컷들은 신중해진다. 역시 혼자 사는 것

은 무섭기 때문에 되도록 자기 무리에 머무르려고 한다. 하지만 점점 수컷다운 행동이 나오면서 암컷들의 눈총을 받고 급기야 리더인 실버백으로부터 심하게 야단을 맞게 된다. 그리고 무리의 동료들과 싸우게 되어 아쉽지만 조금씩 무리를 떠나게 되는 것이다.

내가 좋아하는 고릴라 중에 '타이터스'라는 이름의 6살인 수컷이 있었다. 인간이라면 초등학생 고학년 연령과 같은 나이이다. 아직 어린 새끼 같았지만 홀로 살고 있었다. 아빠와 형 실버백이 줄줄이 죽어 버리는 불행을 겪은 후 무리가 흩어지고 말았다. 엄마와 누나는 바로 근처의 무리로 이주했다. 하지만 타이터스는 수컷이어서 다른 무리에는 들어갈 수 없다. 한동안 나이가 조금 많은 수컷들과 셋이서 살고 있었다.

거기에 혼자 살던 실버백과 젊은 수컷들이 가세해 여섯 마리의 수컷 집단이 됐다. 그로부터 6년 동안이나 타이터스는 이 수컷 집단에서 살게 된 것이다. 혼자였다면 타이터스는 살 수 없었을 것이다. 운 좋게도 연상의 수컷들은 타이터스를 매우 상냥하게 대했고 항상 타이터스를 챙겼다. 타이터스는 수컷들의 아이돌인 것이다. 수컷들은 경쟁하듯 타이터스와 놀고 싶어 했다. 치고받으며 비탈길을 굴러가며 뒤쫓기 놀이를 하면서 나무 주위를 빙빙 돈다. 놀다 지치면 함께 쓰러져 잠이 든다. 타이터스 주변에는 언제나 웃음소리가 끊이지 않았다.

타이터스도 연상인 수컷들의 사이를 잘 조율했다. 음식을 놓고 수컷들이 대립하자 타이터스는 수컷들 사이에 들어가 싸움이 벌어지는 것을 막았다. 때로는 쇳소리를 지르며 수컷의 몸에 매달리는 일이 있었다. 타이터스는 중재를 잘했다.

다 자란 타이터스는 다른 수컷들과 헤어져서 암컷과 함께 자신의 무리를 만들었다. 알려진 바로는 더 많은 새끼를 낳았다고 한다. 그것은 분명 타이터스가 사춘기에 수컷 집단에서 얻은 매력과 중재 능력이 효과를 나타낸 것일 거라고 생각한다.

고릴라의 일생

고릴라는 대체 어느 정도의 나이까지 살까. 동물원에서는 미국 아칸소주에 있는 리틀록 동물원에 살던 '트루디'라는 암컷이 63세로 최고령이다. 나고야의 히가시야마 동물원에서 죽은 '오키'라는 암컷은 53세였을 거라고 추정하고 있다. 야생에서는 태어난 날을 온전히 알 수 없기 때문에 가늠하기 어렵지만, 내가 조사한 콩고민주공화국의 카후지 비에가 국립공원에서 죽은 '무사무카'라는 실버백은 40살은 족히 넘었다. 어깨의 살이 빠지고 얼굴에 주름이 쭈글쭈글했으니 노년기였음은 분명한데 아마도 인간 수명의 절반이나 3분의 2 정도가 고릴라의 수명이 아닐까. 하지만 인간의 수명도

의료가 발달하고 영양조건이 좋아진 근대까지 고릴라와 크게 다르지 않았을지도 모른다.

그렇다면 그 삶을 고릴라는 어떻게 살까. 고릴라의 새끼는 3~4년이나 젖을 먹으며 성장한다. 하지만 몸이 커지는 속도가 빨라서 5살이 되면 50kg을 넘게 된다. 10살이 넘으면 100kg에 달하는데 수컷은 더 성장하기 때문에 20살에 200kg이 넘는 수컷도 있다. 등은 하얗게 변해 실버백이라 불리며 뒤통수가 돌출해 있어서 마치 헬멧을 쓴 것 같다. 손목에서 팔꿈치에 걸쳐 털이 길어지고 땅에 굵은 팔을 짚고 있으면 스모선수처럼 보인다.

고릴라의 엄마나 아빠도 자식 사랑이 끔찍하고 다정하다. 하지만 부모가 함께 새끼를 키우는 것이 아니라 젖을 먹이는 동안에는 엄마가 주역이다. 새끼는 태어난 후 1년 동안 항상 엄마 품에서 자라며 젖을 떼기 시작하는 두세 살이 되면 이번에는 아빠에게 육아가 넘어간다. 엄마는 새끼를 아빠 실버백 품으로 데려가고 새끼들은 아빠의 보살핌을 받으며 성장한다.

수컷과 암컷 성장의 갈림길은 사춘기다. 암컷의 성장이 더 빠르고 8살이 되면 몸이 둥글게 생겨 암컷다운 태도를 보이는데 무리 가까이 다가오는 수컷(외톨이 고릴라)에게 흥미를 느끼게 된다. 그리고 다른 무리나 외톨이 고릴라를 만났을 때 번개같이 달려가서 수컷의 품에 안겨 시집을 간다. 옮긴 곳에서 새끼를 낳으면 그 수컷의 곁에서 육아를 하지만, 새끼를 낳지 않고 다른 무리나 수컷의 품으로 다시 옮겨 가는 암컷도 있다. 암컷은 혼자 살지 않고 반드시 수컷과 함께 행동하는데 평생 4, 5마리의 새끼를 낳게 된다.

반면 수컷은 느리게 성장하여 13살 정도에 겨우 수컷다운 몸이 된다. 가슴털이 없어지고 씩씩하게 어깨를 젖히고 뽐내며 걷게 된다. 이맘때면 아버지로부터 꾸중을 듣는 일이 잦아져 새로운 세계를 찾아 무리를 떠나는 것이다. 하지만 암컷처럼 다른 무리에 들어가지 않고 당분간 혼자 살아야 한다. 그 사이에 그 지역의 음식이나 안전한 장소를 기억하고, 암컷의 마음에 드는 듯한 태도를 배운다. 마침내 암컷이 찾아와 새끼를 낳으면 가족의 리더로서 행동하게 된다. 리더가 된 수컷은 무리에서 내쫓길 일은 없다. 이윽고 노년기에 접어들면 암컷도 수컷도 새끼들에게 둘러싸여 생을 마감하는 것이다.

털고르기와 굴한 관계

원숭이가 잘하는 털고르기라는 행동을 알고 있을까? 원숭이가 자신이나 동료의 털을 손으로 헤집어 무언가를 집어 입에 넣는 행동인데 영어로는 '그루밍'이라고 한다. 털로 뒤덮인 동물들은 진드기, 벼룩, 이 같은 기생충에 시달린다. 자주 이 기생충을 제거하지 않으면 병에 걸리고 영양분을 빼앗겨 건강에 해롭다. 포유류는 보통 입을 사용하거나 나무나 바위에 몸을 문지르거나 늪지에 굴러다니거나 해서 기생충을 제거한다. 버팔로나 기린처럼 소등쪼기새라는 새를 등에 올려 기생충을 먹이는 동물도 있다. 하지만 원숭이는 손이 있기 때문에 부지런히 손가락과 손톱을 이용해 벌레를 집어 올릴 수 있는 것이다.

원숭이를 관찰하다 보면 낮 동안 여러 차례 동료들이 모여 털고르기를 시작한다. 서둘러 동료들에게 다가가 어깨와 등의 털을 헤집거나 혼자 앉아 팔과 다리털을 헤집는 원숭이도 있다. 입에 넣는 것은 벼룩과 이, 그리고 털뿌리에 낳아 놓은 서캐의 알이다. 털고르기를 받고 있는 원숭이는 자못 기분 좋은 듯 황홀한 표정을 지으며 눈을 감고 있다. 마치 우리가 이발소에서 머리를 깎고 있는 것

같은 기분일 것이다. 서로 털고르기를 하는 원숭이들은 부모와 자식, 형제자매나 사이가 좋은 친구인 경우가 많다. 즉 털고르기는 친밀함을 나타내는 행동이기도 하다.

고릴라를 관찰하던 내가 당황한 것은 고릴라는 동료들과 거의 털고르기를 하지 않는다는 점이다. 고릴라도 온몸이 털로 덮여 있고, 벼룩과 이도 있다. 그래서 스스로 털고르기를 하는데 어찌된 일인지 좀처럼 동료의 털고르기를 하지 않는 것이다. 고릴라는 손이 길다 보니 자신의 몸 어느 곳이나 닿는다. 하지만 고릴라보다 손이 긴 원숭이는 얼마든지 있으며 손이 닿더라도 보이지 않는 등은 효율적이지 않은 것 같다.

원숭이와 똑같이 털고르기를 받는 것은 새끼 때뿐이다. 하지만 젖을 떼면 엄마는 별로 털고르기를 해주지 않는다. 새끼들은 실버백의 주위에 모이고 그 은백색의 털을 헤집는다. 그런데 별로 열심히 하지는 않는다. 암컷들은 다른 수컷이나 실버백과도 좀처럼 털고르기는 하지 않는다. 다만 막 출산을 한 암컷에게 다가간 실버백이 긴 시간 털고르기를 한 적이 있었다. 평소 쉴 때는 커다란 배를 대거나 서로 기대어 잔다. 접촉하는 걸 싫어하는 것은 아니다.

나는 털고르기를 하지 않는 이유를 만원 전철 안의 타인과의 관계에서 찾았다. 전철이 만원이 되면 사람들은 몸이 접촉하게 되지만 그렇다고 더 이상 친해지려 하지는 않는다. 고릴라 암컷들은 각기 다른 무리에서 찾아오기 때문에 선천적으로 친한 것은 아니다. 무리지어 함께 살고 있으니 가까이 있는 것은 좋지만 적극적으로 개입하지는 않을 것이다. 그렇기 때문에 서로 대등한 관계를 맺을 수 있는지도 모른다. 고릴라는 진짜 쿨한 관계를 유지하며 살고 있는 것이다.

드러밍과 가부키

가부키를 본 적이 있는가? 일본이 자랑하는 전통 예능 중 하나로 무사와 마을 사람들의 세계에서 일어나는 다양한 이야기를 화려한 각색으로 연기한다. 가부키에는 독특한 몇 가지 포즈가 있는데 그중에서도 '미에'라고 불리는 포즈는 잘 알려져 있다. 이야기가 끝나거나 절정에 이르렀을 때 주연배우가 손을 벌리거나 고개를 흔들거나 크게 발을 내디디면서 한순간 과장된 동작으로 정지한다. 관객의 주의를 끌어서 장면을 고조시키는 데 쓰이는 표현이다. 무대 오른쪽에 놓인 '쓰케이타'라고 불리는 판에 나무를 부딪쳐서 효과음을 내면 관객의 기분은 최고조가 된다.

특히 유명한 것은 〈간진초〉에서 무사시보 벤케이가 연기하는 '미에'다. 형 미나모토노 요리토모와 사이가 좋지 않았던 요시쓰네는 승려 차림의 벤케이를 선두로 검문소를 빠져나가려 한다. 의심하며 통행을 막자 벤케이가 주군인 요시쓰네를 쳐서 의심을 푼다는 이야기다. 이 이야기를 보았을 때 나는 깜짝 놀라 나도 모르게 손을 움켜쥐었다. 고릴라의 드러밍과 똑 닮았기 때문이다.

드러밍은 고릴라가 두 발로 일어나 가슴을 펴고 두 손으로 번갈아 가슴을 두드리는 행동이다. 고릴라는 목에서 가슴 아래에 걸쳐 큰 부대가 있는데, 숨을 들이마시면 공기가 이 자루에 고여 북처럼 된다. 그래서 가슴을 두드리면 파앙팡 하는 높고 맑은 소리가 주변 가득히 울려 퍼진다. 등이 하얀 실버백의 드러밍이 특히 웅장하여 주변을 압도하는 박력이 있다. 주위에 있는 암컷과 새끼들은 모두 실버백 쪽을 응시하며 앞으로 무슨 일이 일어날지 지켜본다. 이 드러밍과 가부키의 '미에'**가 비슷하다.

사실 이 드러밍은 오랫동안 고릴라가 싸움을 하려는 의사표시로 여겨져 왔다. 아프리카에서 고릴라를 만난 서구 탐험가들은 습격당할까봐 곧바로 총기를 뽑았다. 고릴라는 포악하고 싸우기를 좋아하는 야수로 여겨져 포획되어 동물원에 보낼 때도 단단한 사슬에 묶였다. 하지만 그로부터 100년 이상 걸려서 야생 고릴라를 자세히 조사하게 되자 이 행동이 싸움 선언이 아니라 자기주장임을 알게 되었다. 드러밍의 진정한 의미는 싸우지 말고 대등한 입장에서 무승부로 하자는 평화의 제안이었던 것이다.

두 발로 서서 가슴을 치고 어깨를 들썩이며 정면을 노려보면서

** 가부키에서 배우가 특정한 포즈를 취하면서 객석을 강렬한 시선으로 응시하는 것을 말한다.

가슴을 두드리는 모습은 매우 아름답다. 고릴라 수컷이 정말 멋있다고 생각되는 순간이다. '미에'를 연기하는 가부키 배우가 멋져 보이는 것도, 이 포즈가 가장 남자답게 보이기 때문이다. 게다가 드러밍도 '미에'도 자기주장이지 결코 싸움 선언은 아니다.

잠깐, 하고 나는 생각했다. 가부키는 에도시대 초기에 태어난 일본의 예능이다. 당시 고릴라의 존재는 일본에 알려지지 않았을 것이다. 그렇다면 '미에'는 고릴라의 드러밍을 모방하고 있는 게 아니다. 독자적으로 고릴라와 일본인들이 만들어낸 동작이다. 그것이 비슷하다는 것은 자기주장을 하는 수컷과 남자의 자세에 대한 미가 닮은 것임에 틀림없다. 고릴라 사회에서도 집단을 이끄는 리더인 수컷에게 가부키와 같은 멋을 기대하고 있는지도 모른다.

제 4 장

일본원숭이를 쫓아 야쿠시마로

고릴라와의 차이점을 살피다

아프리카에서 첫 고릴라 조사를 마치고 일본으로 귀국한 나는 다시 일본원숭이를 조사하고자 했다. 고릴라의 인상이 일본원숭이와 너무 달라서 다시 한번 그 성격 차이를 짚어보고자 했기 때문이다.

그 최적의 장소가 가고시마현의 야쿠시마였다. 예전에 일본원숭이의 서식지를 찾아 최북단에서 최남단까지 일본 전역을 걸었던 나는 그 남쪽 끝에 해당하는 야쿠시마 섬에 도착했다. 그곳은 일본원숭이의 낙원이라고도 할 만한 장소였다. 일본 열도 도처에서 일본원숭이는 자연 서식처를 잃어가고 있었다. 원숭이의 먹을거리를 풍부하게 얻을 수 있는 자연림은 벌채되었고 삼나무와 편백나무가 숲을 이루고 있었다. 넓다란 포장도로가 산을 관통하고, 큰 다리와 터널이 자연경관을 바꾸고 있었다. 이제 일본원숭이들이 사람들 눈에 띄지 않고 살아갈 곳은 거의 없었다. 그중 야쿠시마는 유일하게 일본원숭이가 자연생활을 충분히 즐길 수 있는 곳이었던 것이다.

일본원숭이는 지금부터 45만~60만 년 전에 한국을 거쳐서 일본으로 왔다. 당시는 지금보다 기온이 낮고 많은 바다가 얼음으로 되어 있었기 때문에 해수면이 훨씬 낮아 대륙과 육지의 연장선이 되었기 때문이다. 일본 열도의 기후도 차갑고 서늘해서 일본원숭이도 남쪽의 비교적 따뜻한 숲에서 살았던 것으로 보인다. 이후 따뜻해지면 해수면이 올라오고 일본 열도는 고립되었다가 추워지면 다시 연결되었다. 아마미오섬이나 오키나와의 섬들은 깊은 바다에 가로막혀서 큐슈와 육로로 연결되지 않았다. 수영을 잘 하지 못하는 일본원숭이는 야쿠시마보다 더 남쪽으로는 갈 수 없었을 것이다.

야쿠시마는 주위 130킬로미터 정도의 원형의 섬이다. 중심부는 높은 산이 여러 개 줄지어 있고 최고봉 미야노우라타케는 해발 1936미터나 된다. 해안에는 연중 과일이 열리는 아열대성 식물이 우거지고 산꼭대기 부분은 아한대성의 철쭉과 대나무 군락으로 뒤덮여 있다.

즉, 일본원숭이의 분포 지역인 남쪽에서 북쪽까지, 모든 서식지를 야쿠시마 해변에서 산 정상부에 걸쳐 볼 수 있는 것이다.

게다가 사람들은 해안가에 밭을 가꾸고 고기를 잡으며 살고 있었고 사냥꾼 이외에는 좀처럼 깊은 산속까지 발길을 옮기지 않았다. 근래 삼나무와 편백나무가 대규모로 심어졌으나 사람의 손길이 닿지 않은 원시림이 아직도 남아 있다. 그런 깊은 숲속에서 원숭이들은 자유롭게 살고 있었던 것이다.

해안에서 산 정상까지 줄지어 숲이 남아 있는 야쿠시마 서부에서 처음 원숭이를 보았을 때의 인상을 나는 잊을 수 없다. 멀리서 호이야 하는 카랑카랑한 소리가 들리더니 여기저기서 나무가 흔들렸고 원숭이들이 가지에서 가지로 옮겨 다니기 시작했다. 그 모습은 마치 요정처럼 가볍게 시야를 벗어나 순식간에 깊은 계곡 바닥으로 사라졌다.

텁수룩한 긴 털을 가진 씩씩한 수컷 원숭이와 새끼를 배에 안은 엄마 원숭이, 몸놀림이 가벼운 새끼원숭이들이 끽끽 소리를 주고받으며 무리를 이루는 모습이 너무나 행복해 보였던 것이다. 그곳에는 결코 인간이나 고릴라도 흉내낼 수 없는 세계가 펼쳐져 있었다.

현지인과 현장조사

야생동물을 잘 알기 위해서는 그들이 살고 있는 자연 속으로 들어가야 한다. 동물들이 무엇을 먹고 무엇을 어떻게 느끼며 동료들과 얼마나 사이좋게 사는지 알아야 하기 때문이다. 이것이 현장조사다.

내가 처음으로 본격적인 현장조사를 한 곳은 가고시마현의 야쿠시마인데 교토대학 대학원생 때였다. 여기서 나는 동료 학생들과 해안가 근처의 독채를 빌려 매일 오토바이를 타고 마을에서 십여 킬로미터 떨어진 숲에 다녔다. 그곳 해안선에는 가파른 낭떠러지가 솟아오르고 짙은 녹색 숲이 빽빽하게 펼쳐져 있었다. 우리는 험준한 비탈길을 오르내리며 자유로이 살고 있는 일본원숭이를 아침부터 밤까지 쫓아다니며 그 행동을 기록하고 다녔다.

나는 원숭이에 대해 알기 전에 현지인들에게 많은 것을 배웠다. 아침에 일어나면 산줄기를 바라보며 구름의 움직임을 본다. 어느 방향으로 구름이 흐르고 있느냐에 따라서 오늘 날씨를 예측할 수 있다. 산은 봉우리마다 이름이 있고, 바위를 품은 채 굵은 뿌리를 뻗은 커다란 나무와 비바람을 피하던 암굴이 있어서 아주 좋은 표시가 된다. 그것을 알고 있으면 인적이 드문 숲에 들어가도 헤매는 일이 없다. 험한 암벽도 내려가는 길목을 알면 두려워할 것이 없다. 어두운 숲속을 걷다가 기세 좋은 골짜기의 흐름에 당황해도 주변을 둘러보고 낯익은 풍경을 발견하면 마음이 놓인다. 날렵하게 움직이는 원숭이들이 따돌리고 가버려도 행선지를 예측하고 앞설 수도 있는 것이다. 그리하여 우리는 현지인들에게 산의 이름이나 걷는 방법, 노숙 장소 등을 배우면서 점차 야쿠시마의 자연에 녹아들게 되었다.

또한 현지인들에게 신세를 진 것은 식생활이다. 맛있는 물고기가 잡힐 수 있는 갯바위와 자생하는 대나무를 잘라와 낚싯대를 만드는 법, 바다에 들어가 물고기를 잡는 기술도 배웠다. 간조가 되면 갯바위를 걸어 많은 조개를 채집할 수 있다. 고구마를 찾아 캐내는 기술과 털머위나 죽순을 요리하는 법을 배운 덕분에 하루하루가 무척 풍족해졌다. 가끔 수확물을 들고 이웃집을 방문하면 밥을 먹여주고 술까지 대접해줬다. 사는 기쁨이란 함께 먹는 기쁨이라는 것을 배웠다.

그러다가 현지 행사에 초대를 받고 참가하여 야쿠시마 문화를 피부로 느끼게 되었다. 연간 거행되는 수많은 축제는 각각의 준비에 사람들을 끌어들이면서 준비하는 사람들 마음에 깊이 뿌리내리고 있다. 원숭이를 조사하러 온 나는 사시사철 변하는 자연과 사람들의 조화로운 삶에 나도 모르게 눈을 뜨게 되었다. 원숭이들 역시 자연과 조화를 이루며 독자적인 삶을 진화시켜 왔음이 틀림없다. 나는 자연의 소중함과 문화에 대한 큰 영향을 원숭이와 현지인을 통해 배웠다.

노래와 춤을 배우다

가고시마현 야쿠시마에서 야생 원숭이를 관찰하기 시작했을 무렵, 나는 현지인들과 원숭이 이야기를 나누는 것이 기대되었다. 당시에는 산에서 일하는 사람 이외에는 현지인들도 그다지 숲에 들어가지 않았다. 날치 잡이와 고등어 잡이가 바빴고 곳곳에서 도로와 다리를 건설하는 일이 있었다. 그래서 옛날처럼 숲을 헤치고 들어가 정원수에 휘감게 할 덩굴을 캐거나 작살나무 열매가 달린 잔가지를 꺾어와 꽃병에 꽂거나 누리장나무를 사용하여 오징어를 잡기 위한 가짜 미끼 낚싯바늘을 만드는 등의 우아한 놀이를 즐기는 일이 적어졌다.

하지만 가끔 숲길에서 사슴이나 원숭이를 만난다. 그럴 때면 할아버지나 할머니의 시절은 어땠을까라는 생각이 들 때가 있다. 그래서 현지인들은 매일 원숭이를 쫓아 숲을 걷고 있는 우리들의 이야기가 듣고 싶었다고 한다.

밤에 산에서 돌아오면 여러 집에서 초대를 해서 저녁을 대접받는다. 숲 이야기에 꽃이 피고, 옛날이야기도 나온다. 재미있는 건 그 이야기가 노래가 되어 남아 있었다는 점이다.

더구나 그 가사에 맞춰 멋진 안무를 짜서 춤을 추는 것이다. 이윽고 우리도 흉내를 내서 숲에서 일어난 일을 짧은 이야기로 노래하게 되었다. 현지인들의 세련된 춤사위로 보면 볼품없는 안무였지만 일단 춤도 자작극으로 추게 되었다. 분위기에 휩쓸려 술을 너무 많이 마셔서 돌아오는 길에 비틀거리다가 밭 속에 쓰러져 그대로 아침까지 잠들어 버리기도 했다.

나는 아프리카 숲에서의 삶을 떠올렸다. 고릴라가 있는 숲에서도 나는 현지인들과 노래하고 춤추곤 했다. 숲을 잘 아는 트와인들은 낮에 만난 동물들의 모습을 흉내내어 춤을 춘다. 코끼리의 코처럼 얼굴에서 팔을 뻗어 손을 흔들며 코끼리의 큰 귀를 표현한다. 도전적으로 아프리카바늘두더지처럼 등으로 위협한다. 그러다가 누

군가가 북을 치기 시작하면 장단을 맞추며 춤을 추기 시작한다. 그렇게 되면 이제 아무도 말릴 수 없다. 우리도 차례차례 일어나 춤을 추기 시작하여 모두 원이 되어 돈다.

나도 권유받아 자주 추곤 했다. 능숙한 무희들의 몸놀림에 맞춰 가다 보면 자신이 코끼리나 고릴라, 멧돼지가 된 것 같은 생각이 들고 숲에 녹아드는 것 같았던 기억이 난다.

아, 야쿠시마도 아프리카도 숲이 깊은 곳에서는 자연이 사람들을 그의 품으로 맞아들이는구나 하고 나는 생각했다. 이곳의 자연은 인간에게 쉽게 정복될 만큼 약하지 않다. 사람들이 두려워하며 가까이 다가가 어떻게든 몸으로 공감하려고 할 때 자연은 부드럽게 가슴을 열어준다. 그것을 나는 현지의 노래와 춤에서 배웠다.

아콘키 학원을 만들자

가고시마현의 야쿠시마에서 야생의 일본원숭이를 조사하고 있을 무렵 현지에서는 젊은이들이 고향으로 모여들기 시작했다. 모두 도쿄나 오사카 등 도시에서 일하다 고향인 야쿠시마로 돌아온 젊은이들이다. 그중에는 야쿠시마를 동경해 이곳에 살고 싶어서 찾아온 젊은이들도 있었다.

공통의 화제는 '야쿠시마는 우리 인간에게 무엇인가'였다. 그 무렵 야쿠시마에 근대화 물결이 밀려오고 있었다. 어군탐지기와 무선을 사용하는 어선이 늘고 다른 현에서 대형 어선들이 연달아 왔기 때문에 풍성하던 고등어와 날치가 점차 사라지기 시작했다. 사바부시(역주: 주로 육수를 내는데 사용. 가다랑어로 만들면 가쓰오부시, 고등어로 만들면 사바부시라고 한다) 공장은 문을 닫았고 날치잡이도 부진해졌다. 숲은 벌채되고 삼나무가 조성되면서 야쿠시마 중앙부에 남은 보호구역 이외에 나무를 자를 곳이 없어졌다. 어업도 임업도 가능하지 않자 사람들은 도로공사나 제방공사에 일자리를 구했다. 덕분에 야쿠시마를 일주할 수 있는 도로가 완성되었고 곳곳의 해안이 콘크리트로 보강되었다.

교통편은 좋아지고 안전한 생활을 할 수 있게 됐다. 하지만 자연이 계속 밀려난 것 같다. 야쿠시마는 사시사철 자연의 은총이 있고 벌레나 새와 짐승들이 계절마다 다양한 모습을 보여준다. 그러나 콘크리트 건축물이 늘고 도시와 별 차이 없는 풍경이 되자 야쿠시마의 좋은 점을 느낄 수 없게 되었다. '이래도 되는 걸까'라고 모두 생각하기 시작한 것이다.

그래서 옛날 사람들이 어떻게 자연과 사귀어 왔는지를 알아보게 되었다. 그런데 야쿠시마에는 그런 기록이 거의 남아 있지 않았다. 사쓰마 번(역주 : 제후가 맡아 다스리는 제후국을 가리키는 말)의 지배를 받고 있을 때 섬에서는 역사의 기록을 남기지 않도록 지시받았다고 한다. 어쩔 수 없이 다 함께 분담해서 전설로 남아 있는 것과 전통적인 춤이나 습관을 알아보기로 했다.

일본원숭이를 쫓아다니면서 여러 가지를 알게 되었다. 섬사람들은 '원숭이'라고 하지 않고 대장이라고 부른다. 섬사람들에게 일본어로 원숭이를 뜻하는 "사루"가 "떠난다"는 긴 이별을 의미하는 뜻도 있으므로 가급적 피하고 싶은 마음이 있었을 것이다. 섬의 옛이야기 가운데 원숭이가 서툴게 하이쿠를 읽자 그것을 들은 거북이가 놀리는 이야기가 있다. 화가 난 원숭이는 돌을 던져서 거북이의 등딱지를 깨뜨려버리지만 이를 불쌍히 여긴 원숭이는 깨진 등딱지를 덩굴로 묶었고, 그 덕분에 거북이의 등딱지에는 지금도 깨진 흔적이 있다는 것이다. 옛날 사람들의 눈에 원숭이는 똑똑하고 장난을 좋아하지만 인정 많은 동물로 비쳤을 것이다.

우리는 이 활동 그룹을 '아콘키 학원'이라고 지었다. '아콘키'는 아코라는 나무가 자라는 고장의 이름으로 길게 땅에 노출되어 있는 뿌리를 지닌 무화과 종류다. 장작이나 목재로도 쓸 수 없지만 대지에 단단히 뿌리를 내려 야쿠시마를 지탱해 준다. 그런 수목처럼 되고 싶다는 뜻이 담겨 있었다.

매의 눈으로 세상을 보다

가고시마현 야쿠시마에서 자연과 문화를 재검토하는 젊은이들의 모임(아콘키 학원)을 만들어 최초로 행한 일은 사시바(왕새매)의 이동을 관찰하는 것이었다.

왕새매란 독수리류로 친숙한 솔개의 동료다. 꼬리 끝이 샤미센(편집자주: 三味線, 일본의 3현 발현악기)의 채처럼 잘려 있는 솔개와 달리 왕새매의 꼬리는 부채처럼 벌어진다. 아래에서 보면 배 쪽 날개가 하얗고 꼬리의 줄무늬가 푸른 하늘에 또렷이 보인다.

매년 가을이면 무리를 지어 사할린 부근에서 홋카이도, 혼슈를 남하해 남쪽으로 건너가 봄에 북상한다. 웅장한 군무를 일본 열도 곳곳에서 볼 수 있다. 야쿠시마에서도 10월 무렵이 되면 섬의 상공을 왕새매가 이동하는 것을 볼 수 있는데 그것을 '수리 이동의 날씨'라고 부른다. 우세한 고기압이 확장하면 태풍이 오는 계절의 끝을 의미하듯 사람들은 가을 수확 준비를 시작한다. 그러나 언제 얼마나 많은 수의 왕새매가 이동할지 아무도 몰랐다.

그래서 아콘키 학원 멤버가 나뉘어서 섬 곳곳에 대기하며 무선으로 연락을 주고받아 이동하는 왕새매의 수를 세어보기로 했다. 언제 왕새매가 찾아올지는 일본 북쪽에서 왕새매를 보고 있는 사람에게서 정보를 받으면 된다. 다행히 일본 야생 조류 모임이 협력하여 정보를 주기로 하여 아이치현의 이라호 곶과 연락을 주고받게 되었다. 이라호 곶은 예로부터 왕새매가 지나는 길이다. 이곳을 지나던 왕새매가 어디로 가는지, 일직선으로 남쪽으로 가는지, 갈라지는지도 잘 몰랐다.

정말 기쁜 것은, NHK 라디오가 이 왕새매의 이동하는 모습을 실황으로 전국에 내보내고 아콘키 학원 정보도 추가하게 된 덕분에 왕새매가 언제 어디를 날고 있는지에 대한 정보를 각지에서 공유할 수 있게 되었다는 점이다. 우리들은 춤을 추었다. 멋지다! 들새 모임을 통해 전국 각지에서 왕새매의 정보가 들어왔다. 이라호 곶에 날아왔다는 소식을 듣고 아콘키 학원 멤버가 세 곳의 항구에 모였다. 야쿠시마는 둥근 섬으로 중앙에는 해발 1500미터가 넘는 산들이 자리를 잡고 있다. 왕새매는 그 봉우리를 스쳐 날아갈 것이므로 해안에서 산들을 둘러싸듯 올려다보면 가급적 많은 왕새매를 셀 수 있을 것이라고 예상했다.

이틀간의 관찰에서 우리는 약 1300마리의 왕새매를 세었다. 한꺼번에 200마리가 넘는 큰 무리로 날아온 왕새매도 있었다. 때마침 주말을 맞이해 가족 단위로 참가해 준 사람도 많아서 왕새매가 올 때마다 환호성이 터졌다. 아콘키 학원의 관찰 기록은 NHK 라디오에서 실황 방영되고 관찰 풍경은 TV에서도 방영되었다. 일본 각지와 연결됨으로써 야쿠시마가 일본의 일부임을 실감할 수 있었던 것이 기뻤다. 왕새매가 일본 사람들을 연결해 준 것이다. 왕새매들은 야쿠시마의 숲과 사람들을 어떻게 바라보고 있을까. 원숭이의 눈에 익숙해져 있던 나는 새의 눈으로 세상을 보는 것을 배웠다.

제 5 장

가족이 아프리카의 숲으로

한 가정을 꾸려야 인정받을 수 있다

고릴라 조사로 아프리카에 가게 된 지 10년이 지났다. 그 사이 나는 결혼을 했고 두 아이가 생겼다. 그것을 누구보다 기뻐한 것은 아프리카에서 함께 고릴라 조사를 했던 사람들이었다.

내가 가족을 만들고 싶다고 생각한 것은 고릴라를 관찰하기 시작하면서부터다. 위엄 있는 얼굴에다 스모선수 같은 거구로 나를 압도하는 수컷 고릴라도 암컷이나 새끼 고릴라와 마주하면 다정한 얼굴이 된다. 새끼를 안은 암컷이 곁에 다가오면 구흠 하고 낮은 소리로 환영하고 새끼가 등에 기어오르더라도 가만히 움직이지 않고 놀게 해준다. 사람처럼 얼굴 표정을 움직이며 웃는 일은 없지만 분명 기뻐서 어쩔 줄 모를 거라고 생각한다.

그런 나의 기분을 현지인들에게 털어놓으면 모두 정색을 하고 나에게 가족을 만들라고 권유하는 것이다. 이곳에서는 아이를 갖지 않으면 진정한 어른이 아니다. 한 집안을 꾸려나가야 사회로부터 인정을 받고 일을 맡길 수 있는 사람이 된다고들 말하는 것이다.

듣고 보니 고릴라 수컷도 비슷한 데가 있다. 당시 '닌자'라고 이름 붙인 젊은 수컷이 암컷을 데리고 아버지 무사무카의 곁을 떠나 자신의 무리를 만들었다. 무리에서 나오기 전에는 몸집은 충분히 크지만 아직 어린 표정이 남아 있는 젊은이였다. 그런데 홀로서기

가 시작된 순간 뒤통수가 돌출하며 얼굴이 커지고 등의 하얀 털이 더욱 빛났다. 위풍당당한 걸음걸이에는 리더로서의 자신감이 가득하다.

30대가 되어 결혼을 했을 때 현지인들은 먼 일본에 있던 나의 결혼을 자신의 일처럼 반겨주었다. 꼭 가족을 데려오라고 했고, 내 마음도 그렇게 하고 싶었다. 가족 모두 현지 사회에 받아들여져서 내가 어른이 되었는지 어떤지를 사람들에게나 고릴라에게 인정받고자 생각했기 때문이다. 하지만 이미 아프리카 경험이 있는 아내는 몰라도 세 살배기 아들과 한 살배기 딸에게는 엄청난 경험이었다고 생각한다.

일본에서 비행기를 여러 차례 갈아타고 육로로 국경을 건너 콩고민주공화국 동부로 입국했다. 고릴라가 사는 국립공원 바로 옆에 벨기에 식민지 시절 세워진 오래된 연구소가 있다. 그 일각의 커다란 목조 건물에서 우리 가족은 살게 되었다.

서재와 침실 외에 커다란 창문이 달린 식당도 있어서 나무가 자라나는 넓은 마당을 바라볼 수 있다. 뒤편에는 밭이 있어 곡식과 채소 외에 커피도 재배하고 있다. 아침에는 새소리에 눈을 뜨고 눈부신 햇살에 갖가지 나비와 벌레가 난무한다. 울타리 너머에서는 아이들의 합성 소리에 섞여 소나 염소 소리가 들려온다. 저녁이면 박쥐가 하늘을 날고 밤에는 지붕을 달리는 정체 모를 동물의 기척에 귀를 기울인다. 그런 한가로우면서도 매일매일이 새로운 것으로 가득해서 눈이 휘둥그레지는 나날이 시작되었다.

아프리카의 식탁

우리 가족은 콩고민주공화국에서 후지산과 비슷한 높이인 카후지산 중턱에 있는 집에 살기로 해서 짙은 녹색으로 둘러싸인 숲에서의 삶을 시작했다. 우선 식량을 구하지 않으면 안 되었다.

근처에는 가게가 없고 마을까지 수십 킬로미터나 떨어져 있기에 자주 쇼핑을 가지는 못한다. 앞으로 어떻게 하나 걱정하고 있는데 그런 걱정은 필요 없다는 듯 사람들이 식량을 가지고 차례로 나타났다. 처음 온 사람은 남자아이로 뭔가 둥근 것을 바나나 껍질로 염주처럼 꿰어서 싸고 있다. 열어보니 달걀이었다. 일본 달걀의 절반 정도의 크기로, 떨어뜨려도 깨지지 않을 정도로 딱딱하다. 깨뜨려 보면 노른자가 뿌옇고 개중에는 병아리처럼 되어 있는 것도 있다. 계란 프라이로 해서 먹으면 아주 맛이 좋다.

방금 딴 손바닥만 한 커다란 버섯을 양손 가득 안고 온 아저씨. 이런 큰 버섯은 별로 볼 수 없지만 이 아저씨는 비밀 장소를 알고 있는 것 같다. 굽거나 볶거나 냄비에 고기와 함께 끓여 먹었다. 버섯의 갓이 두껍고 쫄깃쫄깃하다.

긴 지팡이를 짚고 오는 할아버지는 머리에 커다란 플라스틱 대야를 얹고 있다. 안에는 바나나 잎이 깔려 있고 크고 작은 물고기들이 담겨 있다. 근처 호수에서 잡히는 틸라피아라는 생선이다. 모양이 도미를 닮았고 소금구이로 요리하면 맛있다. 가끔 수염이 있는 큰 메기가 들어 있어서 이것도 토막 내어 끓여 먹었다. 지방이 많아 과식하면 배탈이 난다. 이 할아버지는 이야기하는 걸 아주 좋아하셔서

옛날이야기를 잘 들려주셨다. 기분이 좋으면 큰 소리로 노래하기도 해 우리 아이들은 이 할아버지가 오기를 무척 기다렸다.

커다란 천 자루에 갖가지 채소를 넣어 머리에 이고 와서 탁 하고 현관 앞에 내려놓는 아줌마도 있었다. 당근, 양파, 토마토, 가지, 양배추 등 신선한 채소가 필요했기 때문에 많이 사게 된다. 햇빛을 듬뿍 받고 자란 탓인지 야채는 어느 것이나 맛이 진하고 물기가 있어 맛이 좋았다.

그 밖에 꿀이 뚝뚝 떨어지는 벌집을 가져오거나 닭발을 잡고 흔들며 오거나 염소, 돼지를 끌고 오는 등 우리 집은 문전성시를 이루었다.

문제는 가격을 협상하는 데 시간이 많이 걸린다는 점이다. 부르는 값에 사면 집에서 일하는 사람들이 불평을 한다. "바가지 씌웠어요. 더 깎으세요."라고 말하는 것이다. 하지만 가격을 깎는 데는 이유를 대야 한다. 이 야채는 마을에서는 더 싸게 판다거나 작고 맛이 없을 것 같다거나 나름의 이유를 여러 가지 말해야 한다. 덕분에 가격을 협상하던 아내의 현지 언어가 순식간에 향상됐다. 때로는 가져온 식량뿐 아니라 밭과 아이들, 먼 고향에 있었던 일까지 이야기가 이어진다. 이렇게 우리는 숲속 독채에 살면서 사람들의 삶과 문화를 배워나갔다.

아프리카 시장의 매력

고릴라가 사는 숲 근처에서는 하루가 멀다 하고 어디선가 장이 열리고 있었다. 고릴라를 쫓아 숲을 다니기 위해 나는 여러 가지 물건을 시장에서 샀다. 덤불을 개척해 나가려면 방가라고 부르는, 산림 작업에서 사용하는 칼이 필요하다. 칼날을 가는 줄도 필요하다. 우기가 되면 길은 질퍽하고 해발 2000미터가 넘는 산 위에서 비를 맞으면 추위가 사무친다. 장화나 우의를 빼놓을 수 없다.

시장에는 많은 사람들이 찾아왔다. 머리에 커다란 바나나 송이나 야채바구니를 얹고 오는 아줌마들. 카사바(역주: 남아메리카가 원산지로 고구마와 비슷하다)와 감자를 큰 포대에 담아 메고 오는 아줌마들. 신장의 두 배 가량이나 숯을 쌓아올려 운반하는 사람들. 들판에서 구워 만든 항아리를 소중하게 안고 있는 아저씨.

아이들은 사탕수수 굵은 줄기를 한두 개 머리에 얹고 있다. 배고프면 그것을 잘라 몇 번이나 씹는 것이다. 단물이 쭉 나오면 힘이 난다. 소나 염소를 쫓아오는 소년들도 있었다. 가끔 염소가 도망쳐 소동이 벌어진다. 모두 시장을 향해 줄지어 나아간다. 시장에 가까워질수록 사람들의 수도 늘어나고 목소리도 많이 들려서 왠지 신난다.

나는 종종 두 자녀와 아내와 함께 시장에 나갔다. 시장에 도착하면 일본인들이 신기한지 아이들이 많이 찾아온다. 걷다보면 아줌마들이 줄줄이 말을 건넨다. 모두 나들이옷을 입고 들떠 있다. 마치 축제 기분이다.

그렇다. 신문도 전화도 인터넷도 없는 이 지방에서 시장은 모두가 모여 각자의 생활 정보를 교환하는 소중한 장소인 것이다. 패션을 겨루는 곳이기도 하다. 사람들은 정성들여 만든 소중한 물건을 가지고 와서 물건을 사고팔면서 이야기를 나눈다.

그중에는 양파 한 다발이나 담배를 몇 개비 들고 오는 사람도 있고, 약간의 동전을 집어 들고 오는 아이도 있다. 설령 원하는 것을 찾지 못하거나 가져간 것이 원하는 가격에 팔리지 않더라도 여러 사람들과 만나 이야기를 나눌 수 있다는 것이 즐거운 것이다.

물건을 살 생각은 없지만 시장을 걷다보면 마른 뿌리나 잎사귀, 동물 뼈 등을 늘어놓고 있는 아저씨가 있다. 물어보니 여러 질병에 효과가 있는 약이라고 한다. 희끄므레한 흙덩어리는 임신 중인 여성이 입덧으로 괴로워할 때 씹는 것이라고 한다. 아저씨는 이 시장에서 저 시장으로 다니고 있기에 각지의 사정에 밝아서 모두가 이야기를 들으러 온다.

우리 아이들이 놀란 것은 시장에서는 아직도 따뜻한 고기를 팔고 있었고, 그 바로 뒤편에서는 사고 싶은 소와 염소가 해체되고 있다는 점이다. 고기는 뼈에서 솜씨 좋게 벗겨져 적당한 크기로 잘려 받침대 위에 늘어선다. 시장의 즐거운 웅성거림 속에 생명이 인도 되어 간다. 사람은 다른 생명을 먹으며 살아간다는 현실을 아이들은 두 눈에 새긴 것 같다.

정글을 먹다

우리가 사는 집 근처에는 해발 3308미터의 카후지산이 보이고 깊은 숲이 펼쳐져 있었다. 이곳에 있는 것은 동부로랜드고릴라라고 해서 마운틴고릴라보다 얼굴이 길고 털이 짧은데다 몸집은 큰 고릴라이다.

마운틴고릴라가 사는 비룽가 화산군의 산들보다 해발 고도가 낮은 2000미터 전후 지점의 숲에 많은 동물들이 살고 있었다. 특히 원숭이가 다양하다. 코에 흰색 하트 모양이 있는 붉은꼬리원숭이와 콧날이 하얀 올빼미긴꼬리원숭이, 목에 목도리처럼 하얗게 되어 있는 로에스트원숭이 등 형형색색 8종류의 원숭이가 가지에서 가지로 날아다니고 있었다.

해발이 1000미터 정도 다를 뿐인데 왜 이렇게 원숭이의 종류가 늘어날까? 그런 의문을 품으며 숲을 거닐다가 고릴라 똥과 마주쳤다. 아직 새롭다. 바로 깨서 내용물을 살펴보니 여러 형태의 종자가 들어 있다. 이런, 나는 생각했다. 마운틴고릴라 똥에서는 좀처럼 종자를 찾을 수 없다. 셀러리, 엉겅퀴 등의 풀이 주식이기 때문이다. 이곳에 사는 동부로랜드고릴라는 과일을 많이 먹는 걸까?

주위를 둘러보니 확실히 카후지 숲에는 과일이 여기저기 익어 있었다. 나무딸기가 새빨갛게 익어 있고, 보라색 열매가 가지 끝에 무겁게 내려앉아 있는 나무도 있다. 가지나 줄기에 직접 솟아올라 있는 무화과나무도 있다. 툭 하고 나뭇가지가 흔들리자 차례로 원숭이들 얼굴이 보였다. 아무래도 과일을 먹으러 오고 있는 것 같다. 이 숲에 원숭이들이 많이 있는 것은 익어가는 과일이 풍부한 탓임이 틀림없다.

왜 원숭이는 과일을 좋아하는 걸까? 그것은 과일이 원숭이들에게 먹힐 수 있도록 만들어졌기 때문이다. 움직일 수 없는 식물은 씨앗을 뿌려주기 위해 원숭이들을 유혹한다. 그것이 달콤한 과육이다. 원숭이는 과육을 갉아먹고 달콤한 주스를 마시다가 씨도 삼켜버린다. 그리고 숲을 돌아다니면서 햇볕이 잘 들고 씨가 발아하기 쉬운 곳에서 똥을 싼다. 그것이 식물들의 작전인 것이다.

원래 과일은 새에게 먹히기 위해 진화했다. 새는 이가 없으니 과일을 씨째 삼키고 날아올라 하늘에서 씨를 뿌려준다. 하지만 이빨과 손재주가 있는 원숭이는 맛있는 과육만 먹고 씨앗을 털어낸다. 이 때문에 식물들은 원숭이에게 삼켜지기 쉽도록 궁리를 하고 있다. 감씨처럼 가늘고 길면서 미끄러지기 쉬운 모양을 하고 있거나, 매실 씨처럼 과육에서 잘 벗겨지지 않는 것은 그 때문이다. 그렇다. 정글은 식물과 새와 원숭이들의 지혜로 이루어져 있다는 생각을 했다. 십 수 년밖에 수명이 없는 야생 원숭이들과 수백 년 사는 수목들은 자신들이 유리하도록 각각의 특징을 진화시키면서 서로 조화롭게 만나듯 공존하고 있다. 먹는다는 행위를 통해 정글 속 신비한 생명의 연결고리를 엿볼 수 있다.

바나나로 술을 빚다

콩고 산속 마을에서 살다 보니 집 옆에 배 같은 것이 자주 놓여 있다는 것을 깨달았다. 굵은 나무줄기를 깎아 한 그루 나무로 만든 배처럼 꾸몄다. 물에 띄우면 미끄러지듯 움직이기 시작할 것 같다.

'잠깐만' 하고 생각했다. 이곳에는 배를 띄울 만한 큰 강이 없다. 눈앞에 드넓은 호수가 펼쳐져 있으나 여기서 몇 킬로미터는 된다. 왜 이렇게 멀리, 게다가 산 위에까지 배를 옮겨와야 할까. 좀 이상하다.

마을 사람들에게 물어보니 이것은 바나나로 술을 빚는 데 쓰는 도구라고 한다. 놀라서 눈을 동그랗게 뜨고 있으니까 그럼 만드는 것을 보러 오라고 초대해 주었다.

며칠 후 준비가 되었다고 해서 가보니 집 앞에 예의 배가 끌려나와 있었다. 옆에는 산더미 같은 바나나가 쌓여 있다. 술을 빚기 위한 특별한 바나나란다. 3일 전에 익은 바나나를 비틀어 따서 땅에

묻어 조금 발효시켜 두었다.

사람들이 바나나 껍질을 벗기고 배 안으로 던져 넣는다. 그러자 아버지가 그 바나나를 두 손으로 잡고 으스러뜨린다. 바나나는 순식간에 으깨져서 달콤한 향기가 주위에 감돌았다. 이번에는 양동이에 물을 길어다가 배에 채우고 손으로 휘휘 젓는다. 물에 바나나가 녹아 하얀 거품이 일었다. 노란 바나나 주스 완성이다.

아이들이 바나나 주스를 마시러 온다. 아버지는 큰 컵으로 그 윗부분을 떠먹여준다. 아이들은 왁자지껄 떠들썩하다. 나도 조금 받아서 마셔봤는데 달콤한데다가 건조한 목에 쓱 빨려 들어간다.

아이들이 마시는 것을 보면서 아버지는 옥수수와 비슷한 수수 이삭에서 열매를 떨어뜨린 후 그것을 프라이팬에 볶기 시작한다. 열매가 살짝 익었을 때 그것을 바나나 주스 표면에 뿌린다. 이렇게 하면 발효가 진행된다고 한다. 마지막으로 배에 바나나 잎으로 뚜껑을 덮으면 완성. 사흘만 기다리면 맛있는 바나나 맥주를 마실 수 있다고 한다.

배에 붙어 있는 효모균에 의해 바나나의 당분이 알코올로 변해 적당한 술이 된다는 것이다. 3일이라는 시간이 발효에 딱 좋고, 그 이전에는 아직 술이 되지 않았고, 3일이 지나면 식초가 되거나 부패해 맛이 떨어진다. 그래서 다들 바나나 술을 빚은 집이 있다고 하면 사흘 뒤에 그 집에 모인다. 배의 뚜껑을 열 때 한 잔 정도 마실 수 있기 때문이다.

바나나 맥주는 우선 표주박에 붓는다. 달콤한 향기가 나니까 거기에 벌과 파리가 모여든다. 그것을 탁탁 털어내고 옥수수로 만든 빨대를 꽂아 마시는 습관이 있다. 혼자서 다 마시지 않고 표주박을

옆으로 돌려가며 마시는 것도 에티켓이다.

바나나가 술이 될 줄은 몰랐다. 게다가 그 술을 만드는 과정은 아이부터 어른까지 모두를 즐겁게 해주는 것이다. 나는 이 배가 물에 뜨는 것이 아니라 안에 술을 띄운다는 것을 알게 되었다.

지금도 살아있는 수많은 옛날이야기

적도 바로 밑에 있는 아프리카 국가들은 유럽인과 아랍인이 들어올 때까지 문자를 갖지 않았다. 그렇다고 문명이 뒤떨어진 것은 아니다. 문자는 언어가 다른 민족이 교류하면서 여러 물건을 사고팔기 위한 문서로서 발달했다고 생각하기 때문이다. 열대우림 국가에서는 사계절 풍부한 음식을 얻을 수 있기에 멀리서 물건을 운반해 올 필요가 없다. 굳이 문자를 만들지 않고 말만 주고받아도 하루하루 생활하는 데 불편함이 없었다.

대신 이곳 사람들은 매우 능숙하게 언어를 사용한다. 이야기를 시작하면 당당히 자기주장을 펴며 이야기를 하는데 아주 잘 한다. 옛날에 있었던 일이나 경험한 일을 그럴듯하게 섞어가면서 능숙하게 상대방을 설득해 나간다. 그리고 말을 잘 하는 사람은 모두에게 존경을 받는다.

그런 이야기 중에서 옛날이야기가 있다. 하루의 일이 끝나고 식

사를 한 후 모두가 모여 수다를 떨 때 흔히 옛날이야기가 나온다. 누구나 자기의 장기인 이야기를 100개 이상 가지고 있어서 번갈아가며 말한다. 그 이야기가 무척 재미있다. 그중에서 인상에 남는 이야기를 하나 소개하겠다.

그 지역 언어로 '고배'라 불리는 거북이와 '불콧코'라 불리는 부채머리새의 이야기다. 불콧코는 푸른색과 붉은색의 아름다운 날개를 자랑하며 잘난 체를 했다. 땅을 기어다니며, 느릿느릿 걷는 고배에게도 "맙소사, 넌 그렇게 느려서 세상도 잘 알지 못하지. 그에 비하면 날 좀 봐, 나는 하늘을 날고 세상을 누빈다"하고 자랑했다. 그러자 고배는 "무슨 말을 하는 거야. 이래봬도 나는 너보다 빨리 걸을 수 있어"라고 대답했다. 화가 난 불콧코는 "좋아, 그럼 내일 아침 해가 떠오르는 것을 신호로 알고 저 높은 산꼭대기까지 누가 먼저 도착하는지 경주다"라고 부추겼다. 제안에 동의한 고배는 그날 밤 자식들을 모으고 "자, 모두 오늘 밤 중에 산에 올라가서 아침에 불곳코가 날아오면 나는 벌써 도착해 있다고 외쳐라" 하고 일러두었다. 다음날 아침 해가 비치자 불곳코는 힘차게 날아올라 정상을 바라보며 "불곳코코코 어때, 내 속력을 알았느냐"하고 외쳤다. 그러자 정상에서 "나는 이미 도착해 있어"하고 고배의 목소리가 돌아왔다. 불곳코는 놀라서 "뭐야, 그건 뭔가 잘못된 거야"라고 외치며 다른 산으로 향하자. 거기서도 고배가 대답한다. 불곳코는 이제 놀라서 어찌 할 바를 몰라 지금도 날아올라 자신이 제일 먼저 도착해 있음을 확인하려고 울고 있는 것이다.

이 이야기는 새끼가 많은 거북이의 장점과 밤에는 눈이 보이지 않는 새의 약점을 이용해 만들어졌다. 그리고 자신의 힘을 자랑하다가는 낭패를 본다는 교훈을 전해준다. 언뜻 약해 보이는 자가 지혜를 내어 강한 자를 이기는 것이 세상의 배움이라는 것도 알려준다. 아프리카 아이들은 가까이 있는 고배와 불곳코를 보며 그 교훈을 되새기는 것이다.

고릴라의 시간은 모두의 시간

모든 고릴라에게 이름을 붙이고 매일 관찰하다 보면 고릴라들이 항상 함께 있다는 것을 알게 된다. 먹을 때나 쉴 때도 그렇고 걸어서 이동할 때도 동료와 단합이 잘 된 집단이다. 그렇게 같이 있으면 갑갑하지 않을까.

때때로 사라지는 고릴라가 있다. 젊은 암컷이나 어른이 되기 전의 청년 수컷에게 많이 일어난다. 나가면 일단 돌아오지 않는다. 암컷들의 경우는 다른 집단에 들어가 낯선 동료들과 살게 되고 수컷은 혼자 살기 시작한다. 나간 수컷이 원래 집단 옆에 오기도 하지만 결코 받아들여지지 않는다. 이제 동료로는 인정받지 못한다. 고릴라 집단은 항상 함께 있음으로써 동료의식을 유지하기 때문에 조금이라도 멀어지면 따돌림을 당하게 되는 것이다.

우리 인간 사회에서는 그런 일이 없다. 가족이 늘 함께 있는 일은 있을 수 없고 아이들도 어린이집이나 학교에 가서 부모와 떨어져 사는 시간이 있다. 각기 다른 곳으로 향하여 떨어져 있어도 다시 함께 어울려 아무 일 없이 함께 지낼 수 있다. 이렇게 자주 떠나거나 함께 사는 삶을 우리는 당연하게 생각하지만 고릴라의 눈으로 보면 매우 신기한 일이다.

분명 고릴라처럼 늘 함께 있으면 날마다 일어나는 일들을 함께 체험할 수 있다. 숲속에서 맛있는 과일을 발견하거나 갑자기 비가 내려 나무 동굴로 허둥지둥 도망치거나 코끼리와 마주치면 나무 위에 올라가 먼저 보내는 등 여러 일이 벌어진다. 그런 것을 함께 체험하면 다음에 같은 일이 일어나도 그 체험을 바탕으로 행동할 수 있다. 등이 흰 실버백 수컷이 위험을 느꼈을 때 어떤 행동을 할까.

안면이 있는 동료를 만났을 때 어떻게 반응을 할까. 그것을 알고 있으면 자신이 어떻게 행동하면 좋을지 판단할 수 있다. 고릴라에게 자신의 시간은 모두의 시간이다.

게다가 하루 중 몇 시간만 없어져 있으면 어디서 무엇을 하고 있었는지 알 수가 없다. 언어가 없는 고릴라는 동료가 보지 못한 장소에서 벌어진 일을 전할 수 없다. 그렇기 때문에 동료들에게 불신을 안겨준다. 뭔가 맛있는 것을 숨겨 먹고 있었던 것은 아닐까? 모르는 누군가를 만나고 있었던 것은 아닐까? 이상한 음모를 꾸미고 있었던 것은 아닐까? 그런 것을 상상하면 불안해진다. 그래서 사라진 시간이 길어지면 돌아와도 동료로서 받아들이지 않게 되는 것이다.

하지만 인간은 없어져도 따뜻하게 맞아들여준다. 심지어 낯선 사람조차 친하게 지낼 수 있다. 인간이 동료에게 큰 신뢰를 갖기 때문이다. 부재중일 때를 메우기 위해 우리는 자신이 밖에서 보아온 일들을 열심히 이야기하고 식사를 하며 동료임을 재확인한다. 때로는 공동작업, 축제, 스포츠에 참가하는 것도 동료의식을 높이는 데 도움이 된다. 우리들은 언제부터인가 언제나 함께하지 않아도 신뢰할 수 있는 동료를 만들 수 있게 되었던 것이다.

고릴라의 잠자리 만들기

우리가 신뢰할 수 있는 동료와는 함께 잘 수 있는 사이다. 같은 방을 쓰며 옆 침대에서 잠을 잔다. 그건 고릴라도 하는 일이다.

고릴라가 아직 우리 인간에게 익숙하지 않을 무렵, 나는 매일 고릴라의 발자국만 좇고 있었다. 숲을 헤매다 부드러운 땅에 또렷이 남아 있는 고릴라의 굵고 큰 발자국을 발견하면 마음이 놓였다. 그리고 고릴라들이 오늘 아침 막 빠져나온 잠자리를 찾으면 아주 기뻐하며 잠자리 수를 세고 잠자리에 남아 있는 똥의 크기를 측정했다.

그것은 잠자리 수가 고릴라 무리의 크기를, 똥의 크기가 그 잠자

리에서 잔 개체의 크기를 나타내고 있기 때문이다. 고릴라 무리는 항상 뭉쳐서 각각의 개체가 하나씩 잠자리를 만들고 잠을 잔다. 그러므로 잠자리 수를 세면 그 무리의 개체 수를 알 수 있다.

야간에 고릴라는 반드시 잠자리 위나 잠자리 주변에 똥을 싼다. 똥은 삼각 김밥처럼 생겼고, 그 크기는 몸 크기에 비례한다. 삼각형의 가장 긴 변을 재면 새끼는 3센티미터, 어른 수컷은 7센티미터가 넘는다. 등이 흰 실버백 잠자리에는 당연히 흰 털이 남아 있으며 새끼를 가진 암컷 잠자리에는 2센티미터 이하의 귀여운 똥이 발견되기도 한다. 그래서 잠자리나 똥을 살펴보면 그 무리가 어떤 연령 구성인지를 알 수 있다.

땅 위의 잠자리는 주변의 풀이나 키가 작은 나무를 구부려서 얕은 바구니처럼 생겼다. 나무 위에 있는 잠자리는 나뭇가지를 구부리고 잎을 쿠션으로 삼고 있다. 여러 가지 나뭇가지를 이용해 공중에 튀어나와 있는 잠자리도 있다. 나무에 올라가 고릴라 잠자리에 누워보면 조금 흔들리고 안정적이어서 매우 편안하다. 고릴라는 잠자리 만들기의 명인이다.

마침내 고릴라를 가까이서 관찰할 수 있게 되면서 잠자리 만들기를 실제로 볼 수 있었다. 놀라웠다. 고릴라들은 아주 간단히 불과 5분도 안 돼 잠자리를 만드는 것이다. 먼저 잠자리에 알맞은 곳을 찾아 근처의 나뭇가지나 풀을 자기 쪽으로 구부리고 그 위에 털

썩 주저앉아 엉덩이로 몇 번을 다지면 그만이다. 하지만 내가 직접 해보면 좀처럼 생각대로 되지 않는다. 특히 나무 위의 잠자리는 쉽게 만들 수 없다. 가지를 치는 방법이나 잎의 양, 옆 나무의 위치 등을 살피며 공중에서 작업해야 한다. 고릴라는 그야말로 곡예사다.

덩치가 큰 실버백은 나무 밑동에 잠자리를 만드는 경우가 많고, 그 주위에 새끼를 가진 암컷과 새끼들이 모여든다. 역시 모두 믿을 수 있는 아버지 근처에서 안심하고 자고 싶은 것이다. 나무 위의 침대는 시원한 바람이 들어와 쾌적하여 새끼들이 만드는 경우가 많다. 장난꾸러기 새끼들의 야심이 전해져 온다.

그러고 보니 고릴라가 사는 열대우림을 나온 뒤 인간의 조상들은 잠자리 만들기를 그만뒀다. 풀밭에서는 잠자리 재료를 구하기 힘들었기 때문으로 보인다. 수만 년 전에 인간들은 집을 짓기 시작했고, 그 안에 풀을 깐 침대를 만들게 됐다. 지금 우리는 따뜻한 침대에 들어가 고릴라와 같은 행복한 꿈을 꿀 수 있는 것이다.

고릴라와 침팬지

카후지 숲에서 고릴라 조사를 하고 있을 때 멀리서 우호, 우호 하는 새된 소리가 들려왔다. 침팬지다! 여기에 침팬지가 있다! 그렇게 생각한 순간 이 숲이 지금까지와는 다른 세계로 생각되었다. 마운틴고릴라 조사가 이뤄져 온 해발 3000미터급 비룽가 화산지대에는 침팬지가 살지 않는다. 고지에서는 침팬지가 좋아하는 과일이 열매를 맺지 않기 때문이다. 그렇다면 카후지에는 침팬지가 살 수 있도록 과일이 풍부하게 있는 것이다. 나는 침팬지가 보고 싶어졌다.

현지인에게 물어보면 침팬지는 무화과 열매를 즐겨 먹는다고 한다. 마을 인근 보호구역에 무화과 열매가 휠 정도로 열린 큰 나무가 있다고 하여 아침 일찍 날이 밝기 전에 가서 침팬지를 기다리기로 하였다. 며칠간 기다린 끝에 마침내 첫 번째 한 마리가 무화과나무로 찾아왔다. 큰 수컷이다. 주위를 둘러보고 재빨리 나무에 올라가자 우호, 우호 하고 요란한 목소리로 울기 시작했다. 차례로 무화과나무에 침팬지가 모습을 드러낸다. 모두들 재빨리 무화과 열매를 따다가 입에 집어넣는다. 순식간에 입이 무화과로 가득 차 부풀어 오르는 것을 알 수 있다. 대충 다 먹자 침팬지들은 재빨리 나무에서 내려와 바람처럼 사라져 버렸다.

기다려, 하고 나는 생각했다. 이 무화과나무에는 1주일 전에 고릴라가 찾아와 열매를 먹었을 것이다. 고릴라와 침팬지가 우연히 마주치는 일은 없을까. 원래 고릴라와 침팬지는 같은 음식을 먹고 사는 것일까. 만약 그렇다고 한다면 음식을 둘러싸고 싸움이 일어날 수도 있을까.

사실 그동안 고릴라 조사나 침팬지 조사는 어느 한 종밖에 없는

곳에서 이뤄졌다. 그래서 고릴라는 풀과 잎을 먹고 침팬지는 과일을 먹는다. 고릴라는 지상에서 살고 침팬지는 나무 위에서 산다. 이런 식으로 서로의 생활 장소가 겹치지 않게 살고 있다고 생각하게 되었던 것이다. 그런데 카후지 숲에서는 고릴라와 침팬지가 같은 곳에 살면서 똑같이 무화과 열매를 먹고 있다. 도대체 어떻게 공존하고 있는지 궁금증이 생겼다.

참을성 있게 고릴라를 뒤쫓은 결과 마침내 고릴라와 침팬지가 만나는 것을 관찰할 수 있었다. 세 번 모두 과일나무 근처였다. 놀랍게도 고릴라와 침팬지 모두 상대방이 과일을 다 먹을 때까지 가만히 기다렸다. 싸움은 일어나지 않았던 것이다. 아마도 먹는 방법이 다른 탓이라고 나는 생각했다. 침팬지는 서둘러 무화과를 입에 넣고 떠난다. 고릴라는 시간을 들여 동료들과 함께 먹지만 몸집이 커서 가지 끝의 무화과는 딸 수 없다. 침팬지는 반복해서 오지만 고릴라는 한번 방문하면 좀처럼 재방문은 하지 않는다.

두 종이 가진 기질 차이가 싸움을 방지하는 데 도움이 되었던 것이다. 아니다. 같은 음식을 먹으면서 싸우지 않기 위해 고릴라와 침팬지는 열심히 성격을 바꿨을지도 모른다고 나는 생각했다. 그렇다면 인간이라면 고릴라와도 싸우지 않고 침팬지와도 싸우지 않기 위해 어떻게 할까. 우선 누군가가 가서 고릴라와 침팬지가 없는 것을 확인하고 나서 가능한 한 많은 무화과를 따가지고 동료에게 가져갈 것이다. 그러면 고릴라나 침팬지와 마주치지 않아도 된다. 그렇게 해서 우리 조상들은 유인원들과 다른 방법으로 음식을 찾기 시작했고 점점 더 살 곳을 넓혔는지도 모른다.

유인원의 멘탈 맵

사람들은 매일 아침 일어날 때마다 "자, 오늘은 어디서 어떤 맛있는 것을 먹을까"라고 생각한다. 그 생각에 따라 걷는 경로가 정해진다. 그것은 마음속으로 지도를 그리고 있기 때문이다. 그것을 멘탈 맵(마음의 지도)이라고 한다. 이미 완성된 음식을 먹을 수 있는 인간은 식사시간이 짧아진다. 그래서 멘탈 맵에는 식사뿐만 아니라 일이나 학교, 노는 장소가 포함되어 있다. 하지만 자연의 음식에 의존하고 있는 동물은 하루의 대부분을 먹는 데 소비하고 있기 때문에 멘탈 맵에는 음식이 있는 곳이 새겨져있다.

카후지 숲에서는 고릴라와 침팬지가 공존하는데 둘 다 과일을 좋아한다. 하지만 과일 열매가 열리는 곳에서 두 종은 잘 마주치지 않는다. 도대체 그들은 어떤 멘탈 맵을 가지고 있는걸까? 나는 조사팀을 두 개 만들어 고릴라와 침팬지 모두를 추적해 이를 알아보기로 했다.

침팬지 집단은 22마리, 고릴라 집단은 23마리로 모두 비슷한 수다. 하지만 집단의 결속이 다르다. 고릴라는 모두 다 늘 함께 있지만 침팬지는 단독으로 활동하거나 기껏해야 몇 마리로 움직이며 밤에 잘 때도 모두 모이지 않는다. 엄마와 새끼들은 함께 있지만 다른 멤버들은 끊임없이 흩어지거나 모인다.

더욱 다른 점은 움직이는 거리와 범위다. 침팬지는 하루에 3~6km씩 걸어서 음식을 찾는다. 하지만 고릴라는 평균 1km로 길어야 3km에 그친다. 이는 침팬지가 개체나 소집단으로 걷는 데 비해 고릴라가 모두 함께 움직이기 때문일 것이다. 나이와 체격이 다른 동료와 함께라면 가장 약한 쪽에 속도를 맞춰야 하기 때문에 고릴라는 천천히 걷는 것이다.

그렇지만 1년 동안 걸었던 범위를 비교해 보면 고릴라가 몇 배 더 넓다. 이 행동 영역을 지도상에 그려 보니 그 이유가 밝혀졌다. 카후지 숲은 원시 그대로인 1차림, 과거에 개간된 적이 있는 2차림, 그리고 습지와 대나무숲으로 이루어져 있다.

1차림은 과일이 익는 큰 수목이 많고, 이차림은 작은 나무가 많아 풀이 빽빽이 자라있다. 과일을 좋아하는 침팬지는 1차림만을 이용하지만 고릴라는 모든 식생을 이용해 다니기 때문에 범위가 넓어지는 것이다.

과일은 씨앗을 뿌리기 위해 동물들이 먹을 수 있도록 만들어졌다. 그래서 침팬지가 반복적으로 먹어도 식물은 곤란하지 않다. 하지만 풀이나 잎은 광합성을 해서 영양을 만들기 때문에 전부 먹으면 곤란하다. 식물이 모두 잎을 잃으면 말라버리니까 잎은 딱딱한 섬유로 싸여 먹지 못하도록 독을 머금기도 한다. 고릴라는 각각의 나무에서 조금씩 잎을 집어먹어 그런 독을 피하도록 하고 있다. 결과적으로 고릴라가 조금씩 먹으면서 넓게 돌아다니기 때문에 풀과 잎은 재생할 수 있게 되는 것이다.

마찬가지로 과일을 먹더라도 잎이나 풀 등 과일 이외의 음식을 먹으며 멘탈 맵을 바꿈으로써 고릴라와 침팬지는 부딪힘 없이 공존할 수 있는 것이다. 그것이 모이는 방식에까지 영향을 미치고 있다. 자연은 여러 동물들이 공존할 수 있도록 만들어져 있고 동물들도 자연의 음식을 잘 먹고 나누며 살고 있다. 그렇다면 우리 인간은 어떤 멘탈 맵을 가지고 있는 것일까.

아마 인간은 각기 다른 멘탈 맵을 가지고 있고 그 정보를 말로 교환하고 있다. 그래서 몰라도 동료에게 배울 수 있고, 스스로 찾지 않아도 동료에게 의지할 수 있다. 하지만 그러기 위해서는 잡은 음식을 스스로 먹지 않고 동료에게 가져가는 것이 필수적이고 가져다 줄 것을 믿고 기다리는 것도 필요하다. 분명 인간은 음식을 찾는 활동을 동료와 분담함으로써 동료에 대한 신뢰 관계를 강화했을 것이다.

제 6 장

고릴라의 나라를 위협하는 것

밀렵과 덫에 시달리는 고릴라

언제나처럼 고릴라의 발자국을 쫓다 보니 누린내가 감돌았다. 무슨 일인지 주위를 둘러보자 나무숲에 숨어있는 작은 초가집이 보였다. 다 함께 다가가 보니 아무도 없다. 하지만 모닥불 흔적이 있는 걸 보면 바로 어제까지 사람이 사용하고 있었던 것 같다. 함께 있던 현지인에게 물어보니 이곳은 밀렵꾼들의 오두막이라고 한다. 밀렵꾼들은 사냥이 금지된 보호구역에서 법을 무시하고 동물들을 사냥하는 이들을 말한다. 이곳은 국립공원이기 때문에 물론 사냥은 금지되어 있다.

모닥불 주변에는 작은 뼈가 흩어져 있다. 잡아온 호저나 원숭이를 이곳에서 해체해 훈제로 만든 것 같다. 연기에 태워 말리면 고기는 썩지 않고 보존할 수 있다. 사냥감을 멀리까지 운반할 수 있도록 숲속에서 훈제로 만든 것이다. 몇몇 사냥감은 뼈가 남아 있었을 것이다.

"왜 이런 곳에서 사냥을 하지? 잡히면 벌을 받을 텐데"라고 나는 물어봤다. 그랬더니 "맞아, 들키면 감옥에 갈 수도 있고 총에 맞을 수도 있지. 목숨을 건 거야"라는 대답이 돌아왔다.

숲을 순찰하고 있는 국립공원 경비원은 총을 가지고 있어서 위험할 때는 쏠 수 있다. 하지만 그런 위험을 무릅쓰고 밀렵꾼은 들어온다.

"고릴라는 피해를 입지 않나?"

나는 걱정이 되어 물어 보았다.

"고릴라를 잡는 것은 엄격히 금지돼 있지만 새끼 고릴라를 동물원에 팔려고 잡으러 오는 사람은 지금도 있어"

아무래도 옛날에 고릴라가 한창 아프리카에서 생포되어 유럽과 미국의 동물원으로 보내졌기 때문에 지금도 새끼 고릴라가 비싸게 팔리고 있다고 생각하는 사람이 있다고 한다. 1970년대 고릴라나 오카피 등 멸종위기 동물은 워싱턴조약에 따라 수출할 수 없다. 하지만 글을 읽지 못하는 사람들은 그런 규칙을 모른 채 밀렵을 하러 다니는 것이다.

"게다가 다른 동물을 잡으려고 놓은 덫에 고릴라가 걸려서 다치는 일이 늘고 있어"

숲 곳곳에는 호저와 산양 등을 포획하는 덫이 설치되어 있다. 관목을 구부리고 그 끝에 철사로 고리를 걸어 동물이 밟으면 튀어 올라 손발을 조이는 것에 고릴라도 걸려들고 만다.

그러고 보니 가끔 보는 고릴라 무리에 손목부터 없는 어린 고릴라가 있었던 게 떠올랐다. 그것은 덫에 걸려 조이자 스스로 벗기지 못하고 손이 썩어서 떨어져버린 것이다. 그때의 아픔과 계속되었을 고통의 날들이 머리를 스쳐지나가자 마음이 무거워졌다.

고릴라의 매력을 전하는 포레포레 기금

밀렵이란 법을 지키지 않고 야생동물을 사냥하는 것이다. 국립공원 안에서는 모든 야생동물을 잡는 것이 금지되어 있으나 고릴라나 코끼리 사냥은 콩고 전체에서 금지되어 있다. 특별한 동물이기에 나라의 보물로 여겨지는 것이다. 그 고릴라가 밀렵 피해를 당하고 있다는 소식을 듣고 우리는 긴급 대책을 마련해야겠다고 생각했다.

카후지산 국립공원에서는 사람들에게 익숙한 고릴라를 대상으로 고릴라 투어를 하고 있다. 투어 가이드로는 현지 젊은이들이 선정되어 숲을 거닐며 고릴라를 소개하고 지역의 전통과 문화를 소개하고 있다. 그 중에 '존'이라는 청년이 있었다. 고릴라를 아주 좋아해서 고릴라의 얼굴을 기억하는 걸 아주 잘했다.

그래서 나는 존과 함께 낯익은 고릴라들에게 이름을 붙여가며 기록하기로 했다. 출산과 사망, 다치거나 집단을 옮기는 고릴라들의 생활과 성장을 개체의 이름으로 기록하기 시작한 것이다. 이렇게 하면 고릴라의 역사를 이어가며 사람들에게 전달할 수 있다.

그 존이 어느 날 나에게 어떤 계획을 제안했다. 포레포레 기금(포포프 POPOF)이라는 단체를 만들자는 것이다. 현지인들은 고릴라를 잘 모른 채 밀렵을 하고 있다. 학교에 가본 적이 없는 사람들이 많아 법을 모른 채 죄를 짓고 있다. 그러니 학교를 만들어 아이들에게 고릴라의 생활이나 국립공원의 규칙을 가르쳐주자. 그러면 머지않아 부모들도 고릴라에 대해서 알게 되고 법률을 알게 되어 밀렵이 사라질 것이라는 것이다. '포레포레(polepole)'란 스와힐리어로 '천천히' 또는 '조금씩'이라는 뜻이다. 성과를 바로 찾지 않으며 천천히 자신들만의 속도로 해나가다 보면 사람들은 주목하게 되어 있다. 돈은 없지만 지금까지 고릴라를 보러 와 준 관광객이나 방송국 사람들에게 도움을 받으면 어떻게든 되지 않을까. 그때 나는 야쿠시마에서 만든 '아콘키 학원'에 대한 일이 생각났다. 그 모임도 현지인들이 자신들이 살아온 자연을 다시 바라보자는 목소리로 시작된 활동이었다.

나는 존에게 협력하기로 하고 고릴라를 취재한 적이 있는 일본 방송국에 손을 써서 지금까지 찍은 고릴라 사진과 영상을 제공받았다. 아이들에게

고릴라를 알릴 수 있는 교재를 만들고자 했던 것이다.

포레포레 기금의 첫 활동은 현지 고교생들에게 고릴라를 보여주는 것이었다. 사실 카후지산 일대는 1980년 세계유산으로 등재된 바 있다. 고릴라는 그 자연유산의 중요한 멤버다.

하지만 현지인들은 그 가치를 잘 모른다. 고릴라를 찬찬히 본 사람도 적다. 아이들에게 보여주고 싶지만 국립공원 규칙상 15세 미만인 어린이는 고릴라를 보여주지 않는다. 그래서 고등학생을 데려가기로 한 것이다.

고릴라를 처음 본 고교생들은 신이 났다. 그들은 가만히 숨을 죽이고 고릴라들을 바라보며 마치 사람처럼 노는 모습에 감동하여 소리를 질렀다.

이름이 붙은 고릴라를 소개하는 존의 설명에 고등학생들은 열심히 귀를 기울였고 고릴라의 중요성을 충분히 이해했다.

그들은 분명 미래에 고릴라를 소중히 보호해 줄 것이 틀림없다. 그리고 이들이 고릴라를 관찰한 체험을 사방으로 이야기해 준 덕분에 고릴라의 매력은 순식간에 마을 전체로 퍼졌다.

이웃 나라에서 전쟁이 시작되다

콩고민주공화국 카후지 산자락에서 현지인들과 고릴라를 비롯한 자연과의 상생을 위한 '포레포레 기금(뽀뽀프)' 활동이 시작됐다. 공원 내에 관찰로를 마련해 새와 벌레를 탐색하는 코스를 만들었다.

원래 이 숲은 사냥 채집을 하던 트와인들의 땅이었기 때문에 그들은 숲속의 동물들을 잘 알고 있다. 지역 농경민들도 간혹 장작을 주우러 들어가기에 함께 걸으면 옛날이야기를 자주 들을 수 있다. 그래서 산과 숲 이야기를 나누며 관광객과 걷기 코스를 생각한 마을에도 견학 장소를 만들어서 전통적인 삶을 보여주고 체험을 하도록 했다.

포레포레 기금 동료 중에 그림을 그리거나 조각하는 걸 좋아하는 젊은이가 있었기 때문에 그를 중심으로 팀을 편성해 그림엽서와 고릴라 장식물을 만들었다. 고릴라의 역사를 설명하는 팸플릿도 만들었다. 관광객들은 고릴라를 볼 뿐만 아니라 카후지의 자연과 마을 문화에도 관심을 갖게 된다. 이들을 안내함으로써 마을 사람들 또한 자연을 지키는 마음과 전통에 자부심을 갖게 될 것이라고 생각했다.

그러나 겨우 관광객을 안내할 준비가 된 순간 이웃 나라 르완다에서 전쟁이 벌어졌다. 나라를 대표하는 두 민족이 싸움을 시작했고 국외로 이주해 있던 소수민족이 쳐들어와 다수파 정부를 무너뜨린 것이다. 그 과정에서 많은 사람들이 죽임을 당했고 많은 난민들

이 국경을 넘어 카후지 산자락으로 찾아왔다. 국립공원 바로 옆에 20만 명이 넘는 난민캠프가 만들어졌고 그 지원에 해당하는 단체들이 속속 몰려들었다.

나는 국경마을에서 줄을 서서 걸어오는 난민들의 무리를 보았다. 모두 맨발로 돗자리나 담요를 머리에 얹고서 아무 소리도 내지 않고 어깨를 내려뜨린 지친 모습이다. 생기가 전혀 느껴지지 않는 마치 껍데기 같은 모습이었다.

현지는 대혼란에 빠졌다. 이제 고릴라 관광 같은 한가한 이야기를 하고 있을 수 없다. 포레포레 기금 회원들도 난민들을 구조하게 되었다. 식량이나 옷 등 유엔에서 지원하는 물자의 지급을 돕고, 몸을 따뜻하게 하고 취사를 하도록 장작과 숯을 나눠줬다. 저녁이 되자 곳곳에 모닥불을 피웠고 난민캠프는 보라색 연기로 뒤덮였다. 사람들은 불을 지피면서 겨우 안정을 찾은 것 같았다.

문제는 난민과 함께 대량의 무기가 반입되면서 보호구역에서 밀렵이 늘어나기 시작했다는 점이다. 먼저 코끼리가 희생됐다. 그동안 총기 규제가 이뤄졌기 때문에 거구를 자랑하는 코끼리가 밀렵 피해를 당하지는 않았다. 그러나 전쟁에 사용된 강력한 총을 겨누면 꼼짝도 못한다. 보호구역 곳곳에서 총소리가 들리고 코끼리 몇 마리가 총에 맞아 상아를 빼앗겼다.

내전의 혼란을 피해 관광객의 발길이 끊겼다. 포레포레 기금 회원들은 관광사업을 중단하고 마을 사람들에게 밀렵에 참여하지 말 것을 당부했다. 이웃 나라 내전으로 불똥이 튀어 지역에도 전쟁이 터지면서 난민들은 뿔뿔이 흩어졌다. 보호구역은 병사들에게 짓밟혔고 굶주린 사람들에 의해 많은 야생 동물들이 희생되었다. 사람들과 고릴라 모두 큰 시련의 시기를 맞은 것이다.

군대에게 습격당하는 고릴라

콩고민주공화국 이웃 나라 르완다의 전쟁으로 수많은 난민들이 쏟아져 들어오면서 카후지 비에가 국립공원 주변은 완전히 변했다. 1990년대 일이다. 그동안 차가 잘 다니지 않던 길을 유엔과 난민지원 단체의 차량들이 다니게 됐다. 난민촌과 야영지에 식량과 의복이 많이 운반되자 이를 팔아먹는 업자들이 늘어나 곳곳에서 시장이 서게 되었다. 난민캠프 안에 잡화점, 헌옷가게, 이발소, 식당까지 선보이게 된 것이다.

그러나 그런 평화도 오래가지 못했다. 이번에는 국내에서 내전이 터졌고 난민들에게 적대적인 세력이었기 때문에 난민들은 일제히 난민캠프에서 도망친 것이다. 총을 든 군인들이 진군해 왔고 인근 마을은 반정부 세력이 지배하게 되었다. 현지인들도 총격전에 휘말려 목숨을 잃었다. 도로는 봉쇄되어 곳곳에서 총성이 울리게 되었다.

이제 마을은 안전하지 않다. 그렇게 생각한 사람들은 줄줄이 숲 속으로 도망쳐 피신하게 되었다. 현지인들과 난민, 정부군과 반군이 뒤섞여 숲을 휩쓸었고 국립공원은 대혼란에 빠졌다.

그동안 공원 내 밀렵꾼들을 감시하던 경비원들은 반군에 총을 빼앗겨 감시활동을 할 수 없게 되었다. 숲에 숨어 있는 사람들은 식량 부족으로 야생동물을 총으로 쏘았고 대형동물이 점점 사라지기 시작했다. 곳곳에서 코끼리 떼가 사라졌고 고릴라도 총을 든 군인에게 겁을 먹게 되었다. 슬프게도 반년 사이에 고릴라의 수는 절반이 되어 버렸다.

중대한 위기를 느낀 경비원들과 포레포레 기금 멤버들은 과감한 방법을 취하기로 했다. 고릴라가 두려워한 것은 숲을 잘 아는 현지인들이 총을 든 병사들을 안내했기 때문이다. 병력만으로는 고릴라를 추적할 수 없다. 현지인들의 의식을 바꾸면 고릴라의 학살은 멈출 것이다. 그렇게 생각하고 현지인들에게 지금까지의 밀렵 활동은 벌하지 않겠으며 대신 고릴라 보호에 협조해 준다면 공원이나 포레포레 기금에서 고용하기로 약속했다. 60명이 넘는 자칭 밀렵꾼들이 부름에 호응해 대화를 나누게 되었다.

고릴라는 세계유산이 된 이 공원의 주인공이다. 고릴라를 보기 위해 관광객도 찾아와 돈을 쓴다. 현지 물건도 사준다. 고릴라를 차세대 아이들에게 계승하지 않으면 우리는 풍요로워질 수 없고 세계인의 비난을 받는다. 참고 견디며 고릴라를 지키고 다 같이 힘을 합쳐 어려움을 극복하자. 모두 합의한 것은 새끼들에게 부끄럽지 않은 일을 하자는 것이었다.

그로부터 매일 현지인들은 여러 고릴라 무리를 따라 다녔고 밤에는 망을 봐 병사들이 접근하지 못하도록 했다. 공원 정비에 사람들을 고용해 아트센터에서 고릴라 장식물과 굿즈 제작 방법을 가르쳤다. 환경교육학급 교사가 된 전직 밀렵꾼도 있다. 대학을 나온 학식이 높은 사람조차도 생활이 어려워 불법적인 활동에 손을 댔던 것이다. 여성들에게는 양재 기술을 가르치고 옷을 바느질하여 시장에 내놓게 했다.

덕분에 21세기가 될 무렵에는 고릴라가 밀렵으로 목숨을 잃는 일은 없어졌다. 내전 기간에 야생동물이 전멸하지 않은 것은 오로지 현지인들의 의식변혁 덕이었다고 생각한다.

살아남은 고릴라들

현지인들의 열정적인 지원으로 야생동물을 밀렵하는 사람은 거의 사라졌다. 덕분에 고릴라들도 부활의 조짐을 보이기 시작했다.

전쟁이 시작되기 전 카후지산 국립공원에서는 관광객이 방문할 수 있는 고릴라 무리는 네 개가 있었지만 병사들이 쏜 총에 맞아 궤

멸 상태가 되었다.

네 집단 안에 성숙하여 등의 털이 하얗게 된 실버백 수컷은 모두 사망하고 암컷들과 새끼들은 흩어져 실종되었다.

모처럼 인간과 익숙해져서 모습을 보여준 고릴라들이 이런 비극을 겪고 인간 불신을 하게 되는 건 아닐까. 그렇게 되면 고릴라 관광이 중단될 것이라고 걱정한 포레포레 기금 멤버들은 팀을 짜서 살아남은 고릴라들을 찾기로 했다.

고릴라의 추적은 철저하게 했다. 아침 일찍 일어나 숲을 걸으며 고릴라가 아직 잠자리에서 자고 있는 동안 접근한다. 그리고 고릴라가 놀라지 않도록 조심하면서 따라다니며 점점 거리를 좁혀간다. 밤에는 망을 보며 고릴라의 행방을 놓치지 않는다. 이렇게 교대로 매일 계속하자 1년도 지나지 않아서 고릴라는 인간에게 익숙해졌다.

그러다가 희소식이 들려왔다. 집단 괴멸 당시 아직 등이 검은 젊은 수컷이었던 무가르카가 실버백으로 성장해 여러 마리의 암컷과 살고 있음이 판명된 것이다. 무가르카는 인간과 이미 익숙해져 있었기 때문에 이 무리는 접근하기 쉬웠다.

이윽고 함께 있는 암컷들도 옛 무리의 생존자임이 밝혀져 그 수는 10마리가 넘었다. 무가르카와 암컷들은 점차 예전에 살던 지역으로 돌아왔다. 이제 고릴라 관광을 재개할 수가 있었다. 우리들은

안심하며 가슴을 쓸어내렸다.

더욱 기쁜 소식이 있었다. 인간에게 익숙해진 무리 가운데 하나에서 성장하여 단독 생활을 하기 위해 떠났던 수컷 고릴라가 암컷과 함께 돌아온 것이다.

'치마누카'라는 이름이 붙은 이 수컷은 무가루카보다 한 살 위였고 무가루카와는 다른 무리에서 자랐다. 무가루카보다 훨씬 크고 위풍당당했다. 그러던 중 치마누카 무리와 무가루카 무리가 마주쳐 두 마리의 실버백이 서로 가슴을 두드리는 장면을 볼 수 있게 되었다.

예상했던 대로 무가루카 집단의 암컷 몇 마리가 치마누카의 품으로 옮겨가기 시작했다. .연상이었던 치마누카가 암컷에게는 더 의지할 만한 수컷이었을 것이다. 그리고 치마누카 무리에서 잇달아 새끼가 태어나기 시작했다. 베이비붐이 도래한 것이다.

놀랍게도 쌍둥이가 네쌍이나 태어났다. 처음 태어난 쌍둥이는 둘 다 수컷으로 주마와 포쇼라고 이름을 지어주었다. 둘 다 스와힐리어로 '주'(週)를 나타내는 말이다. 두 마리는 무럭무럭 자라 엄마의 젖을 경쟁적으로 먹었다. 엄마 마트윈은 몸이 좋아서 젖도 많이 나오는 것 같았다. 이 쌍둥이는 포레포레 기금 멤버의 아이돌이 되었고 마을에서도 평판이 났다.

카후지에서는 마에셰라 이름 붙여진 실버백이 국민 고릴라로 인기가 높아져 이 나라 지폐에 인쇄되었던 적이 있다. 사실 치마누카는 마에세의 아들이고, 주마와 포소는 손자가 된다. 이렇게 말할 수 있는 것도 사람들이 오랫동안 고릴라에게 이름을 붙여주고 지켜보았기 때문이다. 그런 고릴라의 역사를 알게 되어 나는 매우 행복한 기분이 들었다.

아이들의 자연 보호

우리가 만든 지역 단체 '포레포레 기금(포포프)은 고릴라와 지역의 귀중한 자연을 지키고 이를 잘 이용하면서 사람들과 고릴라가 공존해 나가기 위해 다양한 활동을 하고 있다. 그중 하나가 환경학급이다.

환경학급은 초등학교 입학 전 유아, 초등학생, 중학생으로 나뉘어져 있다. 초등학교에 입학은 7살에 하고 7년제다. 중학교는 6년제여서 일본의 중학교와 고등학교를 합친 것과 같다.

지금까지 교원 경험이 있는 사람이나 연구자 외에 다양한 경험이 있는 사람이 이곳에서 아이들을 가르치고 있다. 예전에 보호구역에서 밀렵을 하던 사람도 있다. 전쟁으로 학교가 없어지고 교사들에게 월급을 주지 않으니 모두 봉사자들이다. 돈이 넉넉한 학부모에게 등록금을 받고 포포프가 모은 지원금으로 월급과 교재를 충당하고 있다.

교과서도 필기도구도 없이 선생님이 이야기를 하거나 칠판에 쓰고 책을 읽으며 수업을 한다. 일본의 원조로 컴퓨터와 영사기, 그리고 발전기를 구했기 때문에 영상을 보고 수업을 하기도 한다. 특히 고릴라에 대해서는 각국 TV방송국들이 촬영한 필름을 제공해줘서 다양한 영상을 볼 수 있다. 마을 어른들보다 아이들이 고릴라에 대해 더 잘 알고 있다.

아이들의 수업에서 중요한 것은 실천 활동이다. 환경학급이 관리하는 밭에 묘목을 심고 그것을 길러 마을 사람들에게 나눠준다. 그리고 정기적으로 마을을 돌아다니며 나무가 자라는 것을 지켜본

다. 훌륭한 나무로 키우면 그것을 이용해 집을 짓거나 울타리로 만들거나 의자나 테이블을 만들 수 있다. 불법으로 보호구역에 침입해 나무를 베어낼 필요가 없어져 자연보호에 도움이 되는 것이다.

또 하나는 양식지 관리다. 성장이 빠른 틸라피아라는 민물고기가 있다. 돔처럼 납작하고 살이 많아서 아주 맛있다. 열대산이라 수온이 10도 이상인 강에서만 서식하기 때문에 이곳은 딱 좋은 환경이다.

환경학급 근처에 양식 연못을 파고 틸라피아를 풀어 키우고 있다. 틸라피아는 잡식성이라 아무것이나 먹으니까 특별히 먹이를 줄 필요는 없다. 가끔 물을 갈아주고 물길을 만들어 산소를 공급해 주고 너무 물이 탁하지 않도록 한다.

우기가 되어 물이 넘치면 물고기가 도망가 버리므로 수량을 조절할 필요도 있다. 아이들의 즐거움은 매년 2회에 걸쳐 커진 물고기를 잡는 것이다. 그것을 마을 사람들에게 나누어 주고 자신들도 먹는다. 생선은 좀처럼 먹을 수 없기 때문에 매우 즐거워들 한다.

현지에서는 아이들이 단막극을 연기하는 것이 전통적으로 이루어지고 있다. 환경학급에서는 보호구역에서 금지되어 있는 행위를 극으로 꾸며 마을 사람들을 모아놓고 이를 연기하고 있다.

밀렵을 하고 보호받는 동물을 잡고 감시원에게 잡히는 장면을 아이들이 연기한다. 밀렵자가 되는 아이도 있고 감시원이 되는 아이, 그 행위를 관찰하는 마을 사람이 되는 아이. 각자의 입장에서 자연보호란 무엇인가를 생각한다.

극을 본 마을 사람들은 돈을 기부하거나 감상을 전하기도 한다. 이런 모든 것이 고릴라들과 공존할 수 있는 미래로 이어지는 것이다.

환경학급에서 자란 아이들은 곧 마을과 나라를 만드는 주역이 된다. 상당수는 자연보호나 임업, 농업 전문가가 되기를 꿈꾼다. 대학에 진학해 그 꿈을 이룬 아이들도 있다. 그들은 환경학급에서 배운 것을 매우 자랑스러워한다.

제 7 장

저지대와 해변의 고릴라를 만나러 가다

저지대의 정글

비룽가 화산지대의 산 위에서는 키가 큰 나무가 없고 땅은 풀로 덮여 있다. 그래서 고릴라들은 주로 지상의 풀을 먹고 지상에 잠자리를 만들어 잠을 잔다. 하지만 큰 나무의 잎이 무성하고 다양한 과일이 열매 맺는 콩고 분지의 저지대에서는 고릴라의 생활 방식도 다를지도 모른다고 생각하게 되었다.

카후지산 서쪽으로 펼쳐진 저지대에서는 곳곳에서 고릴라가 목격되고 있다. 하지만 고릴라의 생활은 아직 잘 알려져 있지 않다. 나는 미지의 고릴라를 찾아 저지대를 원정가기로 결정했다.

목표로 하는 지역은 해발 600미터의 열대 우림이다. 2000미터나 내려가야 한다. 게다가 바위투성이 산길을 넘어 비가 많아서 진창길을 가게 된다. 그래서 중고 사륜구동차를 구입하고 텐트와 자취용품을 싣고 출발했다. 가능한 한 짐은 적은 편이 좋기 때문에 식량은 현지에서 조달하기로 했다.

예상했던 대로 차는 진흙탕 길에 몇 번이나 빠졌다. 그때마다 현지인들의 도움을 받아 차를 밀어야 했다.

다리가 부서져 있어서 마음을 졸이면서 격류를 건넜다. 목적지에 가까운 마을로 도착하기까지 사흘이나 걸렸다. 촌장에게 여행 목적을 말하고 2주 분량의 식량을 사들여 그것을 운반해 줄 짐꾼과

길안내 가이드를 총 30명가량 고용했다.

저지대 숲은 20여 년 전 국립공원으로 지정돼 있어 지금은 사람이 들어오지 않는다. 그 이전에는 현지인들이 사냥을 하거나 철, 구리, 금 등의 광물을 채굴했기 때문에 사람들이 일시적으로 살던 흔적이 곳곳에 남아 있다. 그곳을 걸어 다니며 고릴라의 흔적을 추적해야겠다고 생각했다.

그러나 생각했던 것보다 조사는 난항을 겪었다. 우선 포터들의 짐을 평등한 무게로 만들지 않으면 안 된다. 동료의 짐보다 조금이라도 무거우면 불평이 나오는 것이다. 체력에도 개인차가 있기 때문에 빨리 걸으면 탈락자가 생긴다. 놀랍게도 여성이 무거운 짐을 짊어지는데 익숙하다는 것을 알게 되었다. 남자들은 금방 죽는 소리를 쳤다.

강을 건널 때 고생을 많이 했다. 국립공원 경계에 폭 100미터 정도의 강이 흐르고 있다. 물살이 급해 통나무배(한 그루의 큰 나무를 파서 만든 배)로는 고작 5명 정도밖에 건널 수 없다. 기슭에 가까운 곳은 물살이 완만하기 때문에 먼저 기슭을 따라 물살을 타고 올라가 단숨에 맞은편 강까지 건넌다. 전원이 짐과 함께 건너기까지 몇 시간이 걸렸다.

그런 다음 곧바로 고도차가 1000미터 가까운 가파른 비탈을 올라 산을 넘어야 했다. 이곳에서 불평하는 사람들이 속출했다. 그들을 달래고 격려하며 여러 산을 넘어서 간신히 예정된 야영지에 도착할 무렵에는 해가 완전히 저물었다.

마침내 도착한 곳이 얼마나 아름다운 곳이었는지 모른다. 고요한 개울가에서 커다란 코뿔새라는 새가 한 쌍의 날개를 펴고 미끄러지듯 하늘을 날았고 양손을 모은 정도의 거대한 나비가 춤추듯이 내려앉았다. 이따금 물고기가 뛰어오르는 소리가 들려온다. 열대우림의 품속으로 깊이 파고든 기분으로 우리는 깊은 잠에 빠지는 것이었다.

밭을 망치고 다니는 고릴라

저지대 정글에서 조사를 시작하고 놀란 점은 고릴라가 밭을 망치는 것이었다. 그때까지 조사하던 고지에서 고릴라가 작물을 먹으러 온다는 소리는 들은 적이 없었다.

고지에서는 국립공원 경계까지 밭이 있는데 사람들은 코끼리나 멧돼지와 개코원숭이가 작물을 먹으러 온다며 경계하고 있었다. 코끼리는 밤이나 새벽에 숲에서 찾아오는데 일단 밭에 들어가면 더 이상 인간의 힘으로는 쫓아낼 수 없다. 숲에서 오기 전에 빈 깡통이나 양동이를 치면서 쫓아버려야 한다. 그래서 항상 누군가가 밭에서 망을 보고 있어야 한다. 하지만 고릴라는 밭에 와도 농작물을 먹지 않고 지나칠 뿐이다. 마을 사람들은 고릴라가 와도 걱정하지 않았다.

왜 저지대에서는 고릴라가 밭을 망칠까? 마을 사람들에게 묻거나 밭을 헤집는 현장에 가 보고나서 상당히 복잡한 사정이 얽혀 있음을 알 수 있었다.

우선 고릴라의 먹거리는 저지대 쪽이 적다. 저지대 숲에는 달콤한 과일이 생긴다. 하지만 과일은 언제 어디서나 얻을 수 있는 것이 아니라 열매 맺는 장소가 한정되어 있다.

반면 큰 수목에 잎이 우거진 숲속은 햇빛이 가려 지상에 풀이 잘 나지 않는다.

고지대의 마운틴고릴라는 과일을 얻지 못하는 대신 엉겅퀴나 셀러리 등 맛있는 야생초를 사계절 내내 많이 먹을 수 있다.

저지대의 고릴라는 들풀을 실컷 먹지 못하고 여기저기 흩어져 있는 과일을 찾아 넓게 돌아다녀야 한다.

그래서 바나나와 옥수수 등이 자라고 있는 밭은 고릴라에게 매우 매력적인 먹잇감으로 보이는 것이다.

밭에 찾아오는 고릴라는 무리라고 생각되었지만, 조사해 보니 아무래도 단독으로 생활하고 있는 수컷 고릴라인 것 같다. 밭 근처에 고릴라가 만들어 잔 여러 개의 잠자리가 있는데 저마다 오래된 정도가 다르고 새 잠자리는 하나밖에 없기 때문이다.

무리지어 사는 고릴라는 한 곳에 머물지 않고 여러 곳을 먹으러 다닌다. 동료와 함께 있으면 금방 다 먹어 치우기 때문이다.

하지만 홀로 사는 수컷 '외톨이 고릴라'는 마음 내키는 대로 매일 밤 같은 장소에서 자면서 다 먹을 때까지 그 자리에 머물 수 있다. 농작물이 많이 있는 밭에서는 더더욱 이동할 필요가 없게 된다.

게다가 무리에 새끼가 있으면 리더 실버백과 암컷들이 경계를 한다. 고릴라에게 인간은 무서운 존재이기 때문에 무리지어 사는 고릴라는 새끼를 지키기 위해 밭에 접근하지 않는다.

하지만 외톨이 고릴라는 홀가분하다. 자신을 지키기만 하면 되니까 맛있는 것이 많이 있는 장소에 위험을 무릅쓰고 찾아온다. 몸집이 크기 때문에 인간에게 지지 않을 자신이 있는 것이다.

밭을 망치고 다니는 것이 외톨이 고릴라라는 것을 알고 마을 사람들은 안심했다. 많은 고릴라가 있으면 상대하기 힘들지만 상대가 한 마리라면 다 같이 쫓으면 무섭지 않다.

게다가 고릴라가 잠자는 곳을 반복하여 부수면 고릴라는 정착하지 못하고 마침내 떠난다. 외톨이 고릴라라고 언제까지나 혼자 있고 싶은 건 아니다. 숲속에서 고릴라의 목소리가 들려오면 동료를 찾아 떠나고 숲에 맛있는 과일이 생기면 그것을 찾으러 간다. 밭 옆에서 매일 밤 혼자 잠자리를 만들던 수컷 고릴라가 내게는 좀 가여운 생각이 들었다.

숲속 학교에서 배우는 것

우리는 콩고민주공화국의 저지대 숲을 헤치고 들어가 개울가에 짐을 푼 캠프 생활을 시작했다.

우선 약간 높고 평평한 곳에 텐트를 치기로 하고 울창한 풀을 베었다. 풀이 무성하면 쥐와 작은 동물이 살고 뱀이 찾아온다. 이곳의 뱀은 독을 가진 뱀이 많기 때문에 가능하면 침입하기 어려운 상태로 만들어야 한다.

다음으로는 돌을 제거하고 땅을 고르고 개미와 흰개미 등이 없는지 살폈다. 이런 곤충은 텐트를 부수고 침입해 도마뱀과 새를 끌어모은다.

현지인들은 나무를 베어 기둥을 세우고 야자잎을 따와 지붕을 이었다. 나무를 조립해서 고정시키는 줄은 숲에서 얻는다. 3미터 정도로 나무를 자른 후 그 나무껍질을 세로로 벤다. 그것을 양손으로 비비면 튼튼한 줄이 되는 것이다.

완성된 오두막 한가운데 두 팔로 안을 정도의 크기인 돌을 놓고 아궁이를 만든다. 여기서 불을 피우면 지붕은 마르고 따뜻해진다. 순식간에 쾌적한 집회장이 만들어졌다.

거처가 마련되었으니 이번에는 먹을 것을 찾아본다. 모두 흩어져 강가를 걷는다. 얕은 여울에 살며시 들어가 손도끼 같은 팡가

(산에서 쓰는 칼)를 휘두르며 탁 하고 수면에 내리꽂으면 10㎝ 정도의 작은 물고기가 잡힌다. 지렁이를 캐내 그것을 미끼로 삼아 더 큰 물고기를 낚는 사람도 있다.

이곳에서는 수염을 기른 잉어와 1미터 가까이 되는 메기가 잡혔다. 얼굴 크기만 한 버섯을 안고 온 사람도 있다. 부드러울 것 같은 덩굴을 따서 냄비에 넣는다. 생선과 함께 끓이면 아주 맛있다. 레몬그라스도 자라고 있어 식후에 뜨거운 물에 넣어 마시면 훌륭한 향기가 난다.

숲에 들어가 굵은 나무를 베어온 사람도 있다. 이를 모닥불에 넣어 태워두면 장작이 붉어지고 오랜 시간 남아 다음에 불을 피울 때 도움이 된다.

정글 속에는 전기도 가스도 없기 때문에 불을 피우기가 힘들다. 성냥 없이도 마른 나무를 비벼 불을 피우는 방법을 알지만 비가 오면 좀처럼 불이 붙지 않는다. 그래서 한 번 모닥불을 피우면 조금씩 장작을 더해가며 그 불을 꺼뜨리지 않는 것이 중요하다. 굵은 나무를 불 속에 넣고 태우면 조금씩밖에 타지 않으며 자는 동안에도 불이 꺼지는 일은 없다. 아침에 일어나면 입김을 불어 불을 피우면 된다.

모두가 분담해서 작업을 하다 보니 순식간에 텐트촌이 들어섰다. 텐트, 램프, 식기, 주식이 되는 식량 이외는 모두 현지 조달이다. 잡아온 생선이나 버섯을 냄비에 끓여서 카사바 가루를 개어서 떡처럼 만들어 먹었다. 모닥불을 둘러싸고 따뜻해지면 이야기가 활기를 띤다.

어떻게 다들 이렇게 솜씨 있게 일을 할 수 있는지 물어봤다. 다들 어릴 때부터 부모나 손위 아이들의 행동을 봐왔고 중학생쯤 되면 '숲속 학교'에 들어간다고 한다.

사내아이들이 모여 마을 노인들에게 이끌려 숲속 깊숙이 들어가 몇 달 동안 자기들끼리 생활을 한다. 그때 먹을 수 있는 풀과 약초 구분법, 도움 되는 일, 위험한 일 등 야생에서의 생활 방법을 배운다고 한다. 그것을 알지 못하면 어른이 될 수 없다. 그래서 어떤 숲에 들어가도 무섭지 않고 좌절하지 않는다.

그렇다. 다들 숲속 학교의 졸업생들이라고 생각하니 그들의 얼굴이 씩씩하게 보이기 시작했다.

정글에서 헤매다

내가 고릴라를 쫓아 들어간 아프리카 저지대의 정글은 무수한 강이 흐르고 있으며 크고 작은 산이 뒤섞인 복잡한 지형이었다. 고릴라의 발자국을 따라가다 보면 강 위에 걸린 쓰러진 나무 위를 고릴라가 건너서 산 중턱에서 발자국이 잘 보이지 않았다.

아마 아주 좋아하는 과일이 있는 나무를 만나 고릴라가 나무에 올라가거나 바위에 매달리다 보면 땅에서 발자국을 찾을 수 없게 되었을 것이다.

발자국을 놓치자 강 옆 모래땅과 코끼리 길에서 고릴라의 흔적을 찾았다. 모래 위에는 선명하게 손도장이나 발자국이 있는데 그 크기에 넋을 잃고 바라본다. 손가락 굵기는 마치 야구 글러브 같다.

얕은 강 정도는 아무렇지도 않게 건너는 것을 보면 아무래도 저지대의 고릴라는 물을 무서워하지 않는 모양이다. 코끼리 길은 차가 다닐 수 있을 정도로 폭이 넓어 그곳을 고릴라들은 동료들과 함께 걷는 듯하다. 크고 작은 발자국이 있기에 어린이를 동반한 것임을 알 수 있다.

고릴라의 뒤를 쫓는 일은 즐겁다. 고릴라가 먹은 과일이나 고릴라가 잔 흔적을 확인하다 보면 고릴라가 된 듯한 기분이 들기 때문이다.

가파른 비탈을 헐떡이며 올라가 한숨을 돌리면 탁 트인 자리에 고릴라가 먹었던 과일 조각이 흩어져 있다. 아, 여기에서 이 과일을 먹기 위해 이 언덕을 올라왔구나 싶다.

고릴라가 무엇을 느끼고 무엇을 기뻐하며 걷고 있는지 손에 잡힐 듯 알 수 있다. 어두운 정글도 점점 즐거운 곳으로 보이기 시작했다.

하지만 고릴라를 따라 걷다 보면 나도 모르게 멀리 나가 길을 잃어버리는 경우가 있다. 오랫동안 사람이 걷지 않은 보호구역 숲에는 사람이 다니는 길이 나있지 않다. 코끼리나 버펄로가 지나간 길을 따라 고릴라를 쫓고 있기 때문에 인간의 목적이나 의도를 따르는 것은 아니다. 그래서 방황할 만한 곳에 다다를 때마다 큰 나무줄기에 도끼로 상처를 내거나 풀을 부러뜨려 표시를 한다. 캠프에 돌아올 때 그런 표지에 의지하려는 것이다. 그러다가 어느 순간 갑작스러운 폭우에 휩쓸려 강이 범람하고 표시가 떠내려가 사라진 적이 있었다. 비가 그치고 주위가 어두워져도 돌아가는 길을 모른다.

이리저리 헤매다가 밤이 찾아왔다. 자신의 손조차 보이지 않는 칠흑 같은 어둠이다. 자신의 발로 땅에 서 있는 느낌이 없어지기에 둥실둥실 공중을 떠도는 것처럼 느껴진다.

우리 셋은 한 줄로 서서 앞사람의 어깨를 두 손으로 잡고 걷기 시작했다. 아무것도 보이지 않으니 발로 대지의 감촉을 느끼고 귀와 코를 사용하여 주위 상황을 살필 수밖에 없다.

그러자 그 때 주위에 창백한 미광이 비치기 시작했다. 원통형이거나 뾰족하거나 여러 모양을 한 물체가 빛나면서 허공에 떠있다. 이것은 나무줄기나 가지에 달려서 빛을 내는 버섯의 소행이다. 다른 빛이 있을 때는 눈에 띄지 않지만 캄캄해지면 보인다. 나는 마치 우주 공간을 헤매고 있는 듯한 느낌이 들었다.

나무뿌리와 바위로 울퉁불퉁한 땅을 몇 시간 동안 계속 걸은 후 앞장선 젊은이가 연기 냄새가 난다고 속삭였다. 캠프 냄새다.

그래서 우리는 소리를 질렀고 캠프 동료들이 불빛을 들고 마중을 나올 수 있었다. 지금에 와서 생각하면 대단한 행운이었다고밖에 말할 수 없다.

나는 인간이 시각 이외의 힘으로 걸을 수 있다는 것을 알았다. 그리고 무엇보다도 어둠 속에서 빛나는 아름다운 생물을 만나게 된 것이 매우 기뻤다.

마법을 쓰는 할아버지

콩고에서 내가 근무하던 연구소에 훌륭한 표본실이 있었다. 곤충, 파충류, 조류, 포유류 등 동물 표본실에는 늘 포르말린 냄새가 진동했고 엄청난 양의 모피와 뼈가 쌓여 있었다.

기묘한 형상을 한 벌레들이 유리 케이스 안에 핀으로 고정되어 있어 각자 어떤 생활을 하는지 살아있는 모습을 상상한다. 그런데 정글 속에서는 만나기 힘들다. 식물 표본실에는 '뎅보'라는 이름의 노인이 있었다. 주름진 얼굴을 하고 있는데 스스로도 나이를 잘 모른다고 했다. 옛날부터 이곳에서 식물 분류를 했고 가져가기만 하면 어떤 식물이든 딱 맞는 표본을 찾아주었다.

그 표본에 적혀 있는 기록을 읽으면 어디서 채집되고 어떤 성질을 가진 식물인지 알 수 있다. 오랜 경험을 가진 뎅보 할아버지는 정글에 익숙하지 않은 우리에게는 너무나 믿음직한 존재였다.

뎅보 할아버지는 사람들에게 마법을 쓴다고 해서 두려움의 대상이었다. 이 지방에는 예로부터 '무로지'라고 불리는 마술사가 있다. 무로지가 사용하는 것은 동물의 뼈나 껍질, 뿔이나 송곳니인데 그것들을 다양한 식물에 섞어 사용한다. 열대 식물은 벌레에게 먹히지 않기 위해 다양한 독성의 화합물을 포함하고 있다. 그 독에 닿으면 몸이 붓거나 마음대로 움직이지 못하거나 시각을 잃거나 심할 때는 목숨을 잃을 수 있다.

무로지는 이런 식물의 독을 잘 알고 있고 그 독을 없애는 방법도 잘 알고 있다. 뎅보 할아버지도 식물 지식이 풍부하기 때문에 무로지처럼 마법을 쓴다고 두려워했던 것이다. 사람들은 병에 걸리면 뎅보 할아버지께 상담을 하러 왔다. 그러면 할아버지는 꼼꼼히 그 증상을 알아보고 아픈 경위를 묻는다. 병에 걸리는 것은 누군가에게 원한을 사거나 마법을 걸어온 탓이라고 생각하기 때문이다. 마술사가 독을 처방하면 그것이 음식이나 음료에 들어있기도 한다.

그래서 어떤 식물의 독이 쓰이는지 알면 그 독을 없애는 방법도 알 수 있다. 뎅보 할아버지는 그것을 잘 아는 것이다.

이야기를 들은 할아버지는 잠시 생각하다가 옛날부터 교제했던 '트와'라 불리는 숲속 사람들을 부른다. 그리고 특별한 식물의 이름을 말하고 따달라고 부탁한다. 이들 식물의 흔적을 아는 사람은 트와인뿐이다.

식물을 구하면 할아버지는 약 처방을 환자의 가족에게 전한다. 으깨어 몸에 바르는 것도 있고, 끓여서 그 국물을 마시기도 한다. 효과가 금방 나타날 때도 있고 나을 때까지 몇 개월이나 걸릴 수도 있다. 하지만 동네 약국에서 산 서양 약으로는 효과가 없던 병이 낫기도 한다. 이곳은 마을에서 멀고 약을 사려면 많은 돈이 든다. 현지인들에게 뎅보 할아버지는 신뢰할 수 있는 약국이다.

현지에서 걸리는 병은 현지의 재료로 고칠 수 있다. 그것이 뎅보 할아버지의 신념이었다. 정글에서 사는 사람들의 지혜를 나는 보았다.

벌레를 먹다

아프리카에서 가장 당황한 일은 사람들이 여러 종류의 벌레를 먹는 것이었다. 저지대 정글을 걷던 중 선두 청년이 멈춰 섰다. 뭔가 발견한 줄 알고 달려가 보니 커다란 타원형의 칡잎을 손에 쥐고 있는데 커다란 가시가 있는 붉은 애벌레가 달라붙어 있었다. 예쁘다는 생각이 드는 동시에 그 벌레가 꼼지락꼼지락 움직이는 것을 보자 조금 징그러웠다.

그러자 그 청년은 벌레를 집어 칡잎에 쌌다. 여기저기 같은 벌레가 달라붙어 있다. 그것을 본 사람들은 일제히 벌레를 채집하기 시

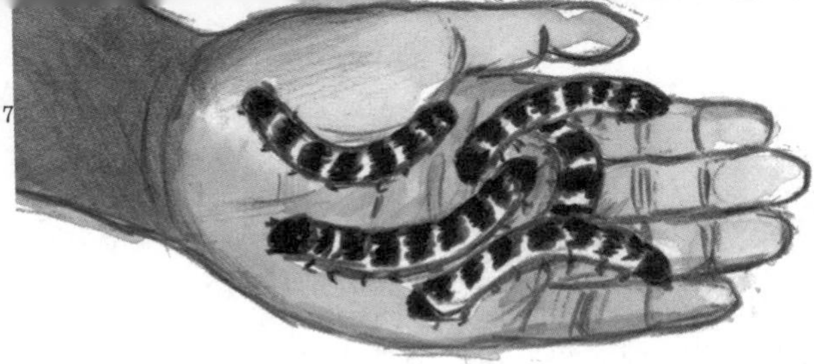

작했다. 도대체 이런 벌레를 어떻게 하려는 걸까?

물어 보니 이게 맛있다고 한다. 야자기름으로 볶아 소금으로 간을 맞춰 먹는다. 실제로 그렇게 요리한 벌레를 대접받았다. 나쁘지 않은 맛이다.

그후 다양한 벌레를 먹었다. 기름야자 줄기 속에 숨어 있는 것은 5cm 정도나 되며 통통하게 살이 찐 애벌레가 있다. 성충이 되면 코끝이 긴 코끼리벌레가 된다. 기름기가 있다. 이 벌레는 날것으로도 먹을 수 있다. 축구공만한 크기의 자루에 꽉 들어 있는 빨강, 초록, 노랑 등 알록달록한 벌레. 이것은 야생 누에나방의 동료라고 한다. 털을 뽑고 내장을 뺀 다음 말려서 끓여 먹는다.

아주 맛있었던 것은 흰개미다. 정글을 걷다 보면 도처에 진흙으로 된 크고 작은 흙무덤이 있다. 흙무덤은 단단해서 일반 동물에 의해서는 부서지지 않기에 안전하다. 구멍이 여러 개 뚫려 있는데 여기서 흰개미가 나온다. 부지런히 마른 잎을 운반해 흙무덤 내부에서 그것을 소화시키며 사는 것이다.

우기가 시작되면 흰개미들은 날개가 돋고 일제히 날아오른다. 이때 채집하여 물에 담가 날개를 떨어뜨린다. 그것을 프라이팬에 볶아 먹었더니 마치 잣 같은 맛이 나서 맛있다. 생으로도 먹을 수 있다.

사람들이 가장 좋아하는 것은 꿀이다. 벌이 윙윙 소리를 내며 지나가면 바로 그 뒤를 쫓는다. 운 좋게 나무 위에 벌집을 발견하면 힘 좀 쓰게 된다. 잔가지를 묶어서 불을 붙이고 나무로 올라가 연기를 피우며 벌집을 취한다. 이렇게 하면 벌에 쏘이지 않는다.

안쏘는 벌(역주:침이 있으나 너무 작아서 쓸 수 없다) 벌집도 있고 땅 속에 만들어진 벌집도 있다. 벌집에서는 벌꿀이 녹아내려서 모두 벌집에 달라붙는다. 정신이 아찔할 정도로 달콤하다. 꿀이 없어도 육각형 구멍에 있는 애벌레를 벌집째 짜면 흰 우유 같은 액체가 나오는데 마시면 달고 맛있다.

그런 간식을 때때로 먹으며 숲길을 걷다 보니 고릴라 또한 벌레를 먹고 있다는 것을 깨달았다.

고릴라 똥을 물로 씻고 내용물을 관찰해보니 개미 머리가 많이 나온 것이다. 보통의 개미보다 크고 침개미아과로서 배에 바늘이 있는 벌의 동료다. 찔리면 아프다. 그러고 보니 고릴라의 뒤를 쫓다 보면 땅을 휘저은 흔적이 발견되어서 무엇을 찾았을까 이상하게 생각하고 있었다. 바로 이 개미를 잡아먹고 있었던 것이다. 그 밖에도 흰개미 흙무덤을 고릴라가 손으로 망가뜨린 흔적을 발견했다.

생각해 보니 일본인들도 벌의 애벌레를 먹고 옛날 도시락에는 자주 메뚜기 조림이 들어 있었다. 고릴라는 물론 사람도 곤충을 귀중한 영양원인 별미로 먹는지 모른다.

바다 근처에 사는 고릴라

마운틴고릴라라는 이름이 가리키는 대로 고릴라는 산과 숲의 생물이다. 실버백은 깊은 숲속에만 어울린다. 게다가 고릴라는 수영을 못한다. 동물원에서 기르고 있는 고릴라를 헤엄칠 수 있도록 훈련시킨 에피소드가 전해지고 있지만 아무리 해도 헤엄칠 수 있게 되지 않았던 것 같다.

하지만 고릴라는 바다 근처에도 살고 있다. 대서양에 접한 가봉 공화국에는 긴 해안선이 있다. 대부분은 깊은 숲으로 덮여 있으며 고릴라가 가끔 해안을 걷는 모습이 목격되고 있다. 그 말을 듣고 나는 바다 근처의 고릴라들을 보러 가기로 했다.

가봉은 일본의 약 3분의 2의 국토 면적을 가지며, 그 중 80% 이상이 산림이다. 인구는 200만 명 정도로 대부분 수도인 리브르빌에 집중해 있다. 비행기에서 내려다보면 한없이 숲이 이어진다. 기차를 타거나 해도 인가는 물론 밭도 찾아볼 수 없다. 무인역뿐이어서 아무도 열차에서 내리지 않는다.

가봉에는 이 나라에서만 볼 수 있는 진귀한 동물이나 새가 있다고 한다. 지구상에서 아마존에 이은 대산림의 일부인 것이다. 몸이 떨렸다.

대서양으로 쏟아지는 하구 부근 산림성 출장소에서 찾아온 이유를 말하고 숲을 아는 마을 사람 3명을 소개받았다. 모두 어부들이고 가끔 그물을 치기 위해 배를 몰며 숲을 다닌다고 한다. 해안가 근처 숲에서 여러 차례 고릴라를 봤다고 한다. 곧바로 엔진이 달린 통나무배로 강을 건너 맹그로브를 지나서 숲으로 들어가기로 했다.

모래사장에 들어서자 운 좋게도 곧바로 고릴라의 발자국이 발견되었다. 큰 발자국과 중간 정도 크기의 발자국 몇 개가 모래 위에

뚜렷하게 남아 있다. 아무래도 실버백과 몇 마리의 암컷이 이곳을 지나간 것 같다. 우리들은 살며시 뒤를 따르기로 했다.

한동안 따라가자 커다란 무화과나무가 있고 그 아래에 자라고 있는 아프리카 생강 잎이 흔들리고 있다. 뭔가 있을까, 라고 생각한 순간에 고릴라가 얼굴을 내밀었다. 가만히 이쪽을 보고 있다.

털이 갈색이다. 머리는 납작하고 몸은 홀쭉하다. 암컷 같다. 부스스한 긴 털로 뒤덮인 마운틴고릴라와는 상당히 인상이 다르다. 자세히 보려고 몸을 내밀자 암컷 뒤에서 꽥 소리를 내며 수컷이 튀어나와 그대로 길을 가로질러 풀숲으로 뛰어들었다. 암컷도 뒤를 잇는다. 그 밖에 두 마리의 암컷과 어린 고릴라가 당황한 듯 길을 가로질러 간다. 뒤쫓아 가려고 할 때 아오 하는 소리가 들렸고 길 건너에 연갈색 동물이 나타났다. 코끼리다. 큰 귀를 세우고 이쪽을 보고 있다. 유난히 작다. 마치 소 정도의 크기로 보였다. 사바나에 있는 코끼리와 달리 송곳니는 곧게 아래로 뻗어 있다.

쌍안경을 잡으려는데 마을 사람 중 한 명이 내 어깨를 잡았다. 위험하니까 접근하지 말라고 한다. 이때는 아직 이곳 코끼리의 무서움을 몰랐기 때문에 전진을 재촉하자 어이없다는 표정으로 말렸다. 잠깐의 만남이었지만 적어도 해안에 고릴라가 나온다는 것을 알게 된 것은 큰 성과다. 나는 해변의 고릴라와 사귀어 보자고 생각했다.

해변의 동물들

가봉 해안에 텐트를 치고 나는 고릴라를 찾기 시작했다. 모래사장은 발자국이 선명하게 남아 있어 찾기 쉽지만 만조로 파도에 휩쓸리거나 비가 오면 금세 사라진다. 게다가 모래사장의 발자국은 모두 숲으로 향한다. 역시 고릴라의 주요 생활 장소는 숲속에 있는 것 같다.

그래서 해안과 가까운 숲을 다니게 되었는데 이곳에서 많은 동물들을 만났다. 걸을 때마다 형형색색의 새들이 날아오르고 나비들이 하늘하늘 눈앞에 내려앉는다. 붉은 털을 가진 멧돼지가 흥분해 뛰어다니는 맞은편에서 호로새들이 와글와글 떠든다.

그러던 어느 날 숲속에 여기저기 뚫린 구멍 근처를 지나가다 갑자기 발목이 잡혔다. 몸길이 2미터 정도 되는 악어가 내 발을 물고 있다. 장화 끝을 깨물었기 때문에 아프지는 않다. 물어뜯는 힘도 약해서 발을 털자 바로 놓아주었다. 머리가 삼각형이고 입이 짧아 서아프리카 난쟁이악어라고 불리는 악어의 동료다. 해안과 가까운 강에 살고 있으며 어류와 개구리, 조개 등을 먹는다. 성질은 얌전하고 인간이나 가축을 공격하지 않는 모양이다. 숲을 걸으면 개울 근처에 가만히 웅크리고 있는 것을 볼 수 있다. 왠지 모르게 귀여워서 말을 걸어주고 싶어졌다.

하마 부모와 자식도 마주쳤다. 강 속에 있을 거라고 생각했기 때문에 숲속으로 다가왔을 때는 코끼리인 줄 알았다. 하지만 코끼리 치고는 키가 너무 작다. 큰 나무 그늘에 숨어서 보니 큰 하마라는 것을 알았다. 우리에게서 5미터쯤 떨어진 곳을 통나무 같은 몸을 흔들며 지나간다.

뒤에서 작은 하마들이 왔다. 아직 어리다. 두리번두리번 주위를 둘러보고 있다. 우리를 알아보고 종종걸음으로 엄마 하마 쪽으로 달려갔다. 엄마 하마가 우리를 알아보고 습격하면 큰일이라 조마조마했지만 엄마 하마는 달려온 새끼를 쳐다보지도 않고 유유히 앞을 향해 걸어갔다.

어느 날 숲에서 야영지로 돌아오는 길에 해안을 걷다가 커다란 코가 두 개 수면 위로 떠 있는 것을 발견했다. 어, 하마다. 바보야 하마는 강에 있는 동물이잖아. 그런데 왜 바다에 떠있을까?

하마들은 기분 좋게 파도에 흔들리며 헤엄쳐 갔다. 야영지로 돌아와 하마들이 바다에 있는 이유를 모두 함께 논의했다. 하마 몸에는 진드기 등 기생충이 붙어 있다. 버팔로는 소등쪼기새를 몸에 살게 하여 진드기를 잡도록 한다. 하지만 소등쪼기새보다 더 좋은 방법이 있다. 바로 바다로 들어가는 방법이 아닐까?

바다는 염분이 높기 때문에 진드기나 기생충이 살지 못한다. 우리가 바다 생선을 날것으로 먹을 수 있는 것은 그 덕분이다. 어쩌면 하마들은 몸에 사는 기생충을 제거하기 위해 바다로 들어가는 것일 수도 있다.

그러고 보니 하마들이 꽤 예쁜 동물로 보이기 시작했다. 평소에는 강에서 살지만 가끔 하구 부근까지 헤엄쳐와 바다로 들어간다. 둥실둥실 떠오르면서 기생충이 몸에서 떨어져 나가기를 가만히 기다리고 있다. 그런 모습을 상상하니 하마들이 너무 유머러스하게 느껴졌다. 악어도 그렇고 하마도 그렇고 해변의 숲은 육지와는 좀 다른 동물의 모습을 보여준다. 분명 고릴라도 그럴 게 분명하다. 그렇게 생각하니 내 가슴은 기대로 크게 부풀었다.

바다와 육지의 왕자

우기가 한창인 안개 낀 아침이었다. 고릴라 숲으로 나가려고 강 건너편으로 배를 몰던 때의 일이다. 갑자기 커다란 배 같은 것이 강 한가운데 떠 있는 것이 눈에 들어왔다. 게다가 배 밑바닥을 위로 하고 있는 것 같다. "뒤집혔잖아!"라고 나도 모르게 소리를 질렀다.

"아니, 아니야." 배를 조종하고 있던 현지인이 나를 돌아보았다. "고래야." 뭐야, 바보같이! 여기는 강이잖아. 강에 고래가 있다니!

다가가 보니 배를 위로 향한 채 떠 있는 고래의 사체였다. 가스가 체내에 가득 찬 탓인지 빵빵하게 부어 있다. 이 강은 해수와 담

수가 혼합되어 있는 기수 지역이라 조수의 밀물에 따라 바닷물이 흘러들어온다. 때때로 고래가 잘못 들어와 헤맨다고 한다.

그런데 도대체 고래가 뭐 하러 강에 오는 걸까? 고래에는 주로 플랑크톤을 먹는 대형의 큰고래가 있고 물고기나 오징어류를 먹는 비교적 작은 이빨고래가 있는데 내가 본 고래는 이빨고래 종류다. 물고기를 쫓다 강에 섞여 들어와 조수가 빠진 후 나갈 수 없게 된 것일까. 아니면 병이라도 나서 착각했을까.

고래에 가장 가까운 포유류는 하마라고 한다. 그러고 보니 이곳에서는 하마들이 바다에 들어가는 경우가 있다. 하마와 공통의 조상을 갖고 뭍에 남은 하마와 갈라져 바다로 여행을 떠난 고래도 때로는 뭍이 그리워서 하마들이 있는 강으로 돌아오는지도 모른다.

고래는 부력이 있는 바다에 살고 있기 때문에 지구상에서 가장 거대한 몸을 가질 수 있었다. 육상에서 가장 큰 동물은 코끼리다. 고릴라 숲에는 코끼리도 산다. 이곳은 육지와 바다의 가장 큰 동물이 만나는 장소인 것이다.

코끼리한테는 너무 시달렸다. 우리는 해안에 텐트를 치고 살았다. 모래땅이라 비가 내려도 질척거리지 않고 바다에서 고기를 잡을 수 있으며 모래밭에서 게도 잡힌다. 습기가 빠지기 때문에 세탁물도 잘 마른다. 우리는 매일 아침 모래사장에서 숲으로 들어가 고릴라의 발자국을 찾고 오로지 고릴라와 만나는 것을 목표로 계속 걷다가 저녁에 모래사장으로 돌아온다. 그런데 모래사장 근처에 늙은 암컷 코끼리가 우리를 쫓아다니는 것이다.

코끼리는 의외로 걸음이 빠르다. 도망쳐도 따라잡히고 만다. 그럴 때는 바다에 뛰어드는 것이 가장 좋은 방법이다. 코끼리는 바다에 들어오지 않는다. 아마 강에서는 수영을 할 수 있겠지만 아무래도 파도와 소금물은 질색인 것 같다. 그래서 우리들은 코끼리가 나타나면 가능한 한 캠프 근처까지 달려 바다로 뛰어들기로 했다. 코끼리는 포기하고 숲으로 돌아간다. 그런데 코끼리는 밤에도 활동을 한다. 이 암컷 코끼리도 우리에게 익숙해져서 밤에 우리들이 모

두 잠들어 고요한 무렵 캠프에 몰래 다가오게 되었다. 텐트 주위에 줄을 쳐서 들어갈 수 없도록 했는데 코를 뻗어 여러 물건을 뒤지기 시작했다. 마침내 포기하고 오지 않았지만 한동안 밤에 화장실에 갈 때도 코끼리를 경계해야 했다.

육지의 왕자 코끼리도 바다에는 들어갈 수 없다. 하지만 가끔 넓고 큰 바다에서 얼굴을 내미는 고래를 보고 바다 세계를 동경하는 일이 있을까. 그러고 보니 인간은 어느 때부턴가 배를 만들어 바다를 내 집처럼 자유롭게 여행을 하게 되었다. 그것은 이 가봉과 같은 나라처럼 정글과 대해가 접하는 곳에서 시작된 것일지도 모른다고 나는 생각했다.

강을 건너는 고릴라

고릴라는 물을 무서워한다. 오랫동안 나는 그렇게 생각하고 있었다. 산 위에 살고 있는 마운틴고릴라는 시냇물 흐르는 물에 손으로 물을 떠 마셔도 발을 담그지는 않는다. 아무리 얕은 강이라도 나무가 쓰러져 다리가 되어 있는 곳으로 건넌다.

카후지산이나 그 저지대에 살고 있는 동부로랜드고릴라도 강을 따라 걷고 있었지만 발목이 잠기는 정도의 얕은 강 이외에 발을 들여놓는 일은 없었다. 그래서 강이 고릴라 나라를 가르는 경계라고 계속 생각했다. 그런데 가봉 숲에서 나는 물을 두려워하지 않는 고릴라들을 만난 것이다. 어느 날 정오를 조금 지났을 무렵 나는 해안 근처의 숲을 걷고 있었다. 숲속은 어둡고 습하며 작은 개울이 무수히 흘러 바다로 향하고 있다. 장화를 신고 걷던 나는 아무렇게나 개울가에 발을 들여놓았다. 그러자 갑자기 구아오 하고 큰 울음소리가 나더니 바로 눈앞에서 물보라가 튀었다.

놀라서 몸을 움츠리자 커다란 고릴라가 물속을 첨벙첨벙 큰 소리를 내며 달려간다. 이어 암컷과 어린 고릴라들도 허둥지둥 개울을 뛰어 건너는 모습이 보였다.

어, 고릴라잖아 하고 나는 어리둥절해서 서 있었다. 설마 고릴라가 강에 들어갈 줄은 몰랐기 때문이다. 올려다보면 개울 위쪽에 있는 나뭇가지에 고릴라 잠자리가 만들어져 있다. 고릴라들은 여기서 자고 아침부터 계속 개울가에서 지낸 것 같았다.

서부로랜드고릴라는 물을 무서워하지 않을지도 모른다. 그렇게 생각한 나는 그후 강가나 습지에서도 고릴라를 찾아 걷기로 했다. 그러자 차례로 고릴라가 강으로 들어간 흔적이 발견되었다. 하지만 아무래도 바다에는 들어가지 않는 것 같다. 바다로 쏟아지는 하구 부근에는 오지만 파도가 치는 해안에서는 아무리 찾아도 고릴라의 발자국을 찾을 수 없었다. 그래서 고릴라를 따라 조금 더 내륙 숲으로 들어가 보기로 했다. 해안가 근처에는 우리가 건널 수 없는 습지

가 펼쳐져 있어 고릴라를 추적할 수 없는 것을 알았기 때문이다.

내가 가슴까지 잠기는 습지에서도 고릴라는 쉽게 건널 수 있다. 한 번 그 건너는 모습을 본 적이 있는데 큰 배를 습지 수면에 대고 긴 팔로 물을 저으며 맹렬한 속도로 달리고 있었다. 배가 부대의 역할을 하고 있는 것이다. 다리가 짧고 팔이 긴 고릴라의 몸은 습지를 잘 건널 수 있도록 되어 있는지도 모른다.

해안에서 100km 가량 내륙으로 들어간 무칼라바 국립공원에서 우리는 고릴라를 추적하며 관찰을 시작했다. 몇 년에 걸쳐서 간신히 고릴라를 가까이서 관찰할 수 있게 되자 놀라운 사실을 알게 되었다.

우선 분명히 이곳에서 사는 서부로랜드고릴라는 물을 무서워하지 않는다. 어린 고릴라는 자주 개울에 들어가 손으로 물을 휘젓고 놀며 강물 속에서 달리는 일도 드물지 않다. 허리까지 잠기는 깊은 강은 두 손을 들고 두 발로 건넌다. 특히 더울 때는 몸을 식히기 위해서인지 얕은 강에 들어가 엉덩이를 물에 담그는 경우가 있다. 고릴라들이 느긋하게 물에 잠겨 있는 모습은 마치 온천에 들어가 있는 것 같다. 하지만 역시 고릴라들이 수영하는 모습은 본 적이 없다. 서부로랜드고릴라는 수영을 할 수 없지만 물과 친숙한 생활을 하고 있었다.

제 8 장

멋지고 신비한 고릴라들

다정한 아빠와 장애를 입은 도도

구불구불한 강과 깊은 숲이 이어지는 가봉공화국의 무칼라바 국립공원에서 고릴라를 추적하여 인간에게 익숙해지게 하는 데 오랜 시간이 걸렸다. 이곳에서는 예로부터 고릴라를 식량으로 사냥해 왔기에 고릴라가 극도로 인간을 두려워했기 때문이다.

하지만 2년에 걸쳐 뒤쫓기 쉬운 고릴라 그룹을 찾았고 그로부터 3년에 걸쳐서 간신히 고릴라들에게 다가가 관찰할 수 있게 되었다. 이 그룹을 이끌던 실버백 수컷이 우리 인간을 받아준 덕분이다.

이 수컷에게 우리는 '파파 장티'라는 이름을 지어주었다. 프랑스어로 '다정한 아빠'라는 뜻이다. 고릴라 아빠는 처음에는 아주 무서웠다.

그룹에 다가가면 가장 먼저 뛰어나와 어깨를 치켜들고 분노하며 우리를 노려본다. 어린 고릴라들이 호기심을 가지고 우리에게 가까이 오면 캬오 하고 짖으며 주의를 준다. 길을 건널 때는 암컷과 새끼들이 모두 건널 때까지 길 위에 앉아 지켜봤다. 파파는 언제나 고릴라들의 든든한 보호자였다.

어느 날 이 그룹에 사건이 일어났다. 단독으로 살고 있는 수컷 고릴라와 충돌한 후 암컷 한 마리가 사라진 것이다. 아마 그 수컷을 따라갔을 것이다. 고릴라의 암컷은 가끔 이렇게 수컷을 바꾸

는 경우가 있다.

그렇지만 이럴 때는 수컷끼리 결렬한 몸싸움을 하는데 때때로 새끼가 싸움에 휩쓸려서 큰 부상을 입거나 사망할 때가 있다.

도망간 암컷의 새끼로서 3살이 된지 얼마 지나지 않은 '도도'라는 어린 수컷은 크게 다쳐서 오른팔 팔꿈치부터 손이 있는 데까지 잃었다. 이제 간신히 젖을 떼고 자립할 연령인데 싸움에서 엄마를 잃은 데다가 걷기도 불편하게 됐으니 이제 살아남기는 어려울 거라는 게 우리 생각이었다.

그런데 도도는 살아남아서 훌륭하게 성장했다. 그것은 아빠의 다정한 배려 덕분이었다.

원래 도도는 오른손을 땅에 댈 수 없기 때문에 왼손 하나로 비틀비틀 걸을 수밖에 없다. 아무리 노력해도 동료를 따라가지 못하고 늦기만 한다.

그러면 아빠는 도도를 가만히 기다려주고 도도를 앞장서서 이끌어주듯 천천히 걷는 것이다. 나무에 오를 수 없는 도도가 밑에서 기다리고 있으면 아빠가 나무 위에서 맛있는 과일을 많이 떨어뜨려준다. 그것을 주워서 도도는 배를 채울 수 있었다.

무엇보다 놀란 것은 도도의 강인함이다. 자신의 운이 없음을 억울해하지 않으며 힘겹게 왼손만으로 다른 어린 고릴라들과 대등하게 살 수 있는 능력을 몸에 익혔다. 다리와 등을 이용하여 능숙하게 나무에 올라가 과일 달린 잔가지를 오른쪽 겨드랑이 밑에 끼고 나무 위를 이동한다.

마침내 도도는 어떤 나무에도 오를 수 있게 되었고 스스로 음식을 찾을 수 있게 되었다. 지상을 빠르게 달리면서 친구들을 놀리며 놀게 되었다. 어떤 본보기가 있는 것은 아니다. 도도가 혼자 만들어낸 기술이다.

아마 도도는 자신에게 일어난 일을 슬퍼하지는 않을 것이다. "만약 오른손을 잃지 않았다면"이라고도 생각하지 않을 것이다. 있는 그대로 지금의 나를 바라보고, 자신의 능력을 있는 힘껏 사용해서 즐기고 있는 것이다. 그 모습을 다른 고릴라들도 환영해 준다.

그런 도도를 보며 고릴라란 얼마나 멋진 마음을 가지고 있는가라고 나는 생각했다.

사실은 강한 암컷들

마운틴고릴라, 동부로랜드고릴라를 오래 관찰하는 동안 고릴라 암컷은 커다란 실버백에게 의지하고 있다는 생각을 했다.

뭔가 위험을 느끼면 바로 실버백 뒤에 숨고, 뭔가 불만이 있으면 실버백 쪽을 보고 도움을 요청한다. 암컷들은 별로 사이가 좋지 않지만 실퍼백이 커다란 몸으로 중간에 있는 덕분에 격한 싸움으로까지 번지지 않는다고 느꼈다.

그런데 어떤 사건을 계기로 나는 생각을 바꾸게 되었다. 고릴라 암컷이 나를 갑자기 덮친 것이다.

무칼라바 국립공원에서는 좀처럼 서부로랜드고릴라 무리에 접근할 수 없었다. 우리가 다가가자 실버백 파파 장티가 튀어나와 노려보고 화를 내며 가로막는다.

그래서 고릴라들과 조금 떨어져서 걸으며 조금씩 접근을 시도했다. 그런 일을 매일 되풀이하고 있었다.

하지만 실버백에 위협당할 때마다 물러서면 언제까지나 고릴라 무리에 받아들여지지 않는다. 나는 약간 초조해졌다.

그날은 파파가 몇 번이나 뛰쳐나와 우리들의 접근을 막았다. 파파는 왠지 초조해 하는 것 같았다. 더 이상 다가가면 위험할 것 같다는 생각이 들었다. 이제 슬슬 마무리를 하자고 생각한 순간이었다.

갑자기 높은 목소리가 들리더니 암컷 두 마리가 나란히 나한테 돌진했다. 나도 모르게 뒷걸음질 치는데 암컷들은 망설임 없이 달려들었다. 한 마리는 내 오른쪽 다리를 잡고 물었고, 다른 한 마리는 내 머리를 물었다.

눈앞에 커다란 얼굴이 다가와 머릿속이 하얗게 질린 순간 구웃 하는 소리가 귀 전체에 울리는 동시에 나는 튕겨 나갔다. 눈을 뜨자 파파와 암컷들이 등을 돌리고 떠나는 모습이 보였다.

나는 머리가 피투성이가 되었고 오른쪽 다리는 깊게 찢어졌다. 이젠 따라갈 기력도 없었다. 마을로 돌아와 머리를 다섯 바늘, 다리를 열일곱 바늘 꿰매는 큰 부상이었지만, 그보다 더 충격적이었던 것은 고릴라의 암컷들이 수컷보다 먼저 공격해 온 것이었다.

암컷은 수컷을 부추길 테니 수컷의 반응에 주의하면 된다고 생각했는데 암컷이 덤벼들었던 것이다. 이런 일을 나는 경험해 본 적도 없고 들어본 적도 없다. 게다가 암컷들은 나를 죽이고 싶을 정도로 미워하는 것일까. 그렇게 생각하니 어두운 기분이 들었다.

하지만 그후 고릴라들을 유심히 관찰해보니 이곳에서는 암컷이 수컷을 공격한다는 것을 알게 되었다. 실버백 머리에도 상처가 있다. 내가 물린 후두부는 고릴라의 수컷이라면 지방이 부풀어 올랐기 때문에 암컷의 송곳니로는 머리뼈까지 미치지 못한다.

아마도 암컷들은 나를 혼내줄 생각으로 고릴라 수컷을 덮치듯 치명적이지 않은 부분을 깨물었던 것이다. 그렇게 생각하니 내 마음은 조금 편해졌다. 마운틴고릴라와 달리 이곳 서부로랜드고릴라 사회에서는 암컷이 강해서 수컷에게 의지하지 않고 자발적인 행동을 하는 것이다.

게다가 이 참극을 가까이서 지켜보았던 현지 안내인의 말을 들어보면 그때 파파가 날아와 암컷들을 내게서 떼어내고 몰아세우듯 숲으로 떠났다는 것이다. 내 눈앞에 있던 커다란 얼굴은 파파였던 것이다. 나는 파파의 도움을 받은 것이다.

나를 괴롭힘으로써 암컷들의 불만도 해소됐는지 그후 나를 공격하지 않게 되었다.

이곳의 고릴라 사회는 강한 암컷의 주도권에 의해 움직인다. 수컷은 그 조정 역할을 하고 있다. 고릴라는 수컷 중심의 사회라는 내 생각은 크게 바뀌었다.

고릴라의 신기한 손뼉치기

대서양 연안의 적도 바로 아래 가봉공화국 무칼라바 국립공원 안에서 텐트를 치고 고릴라를 조사하기 시작했다. 이따금 비가 세차게 내리기 때문에 야자 잎으로 큰 지붕을 만들고 그곳에 여러 개의 텐트를 쳤다. 주변에 도랑을 파서 폭우가 와도 텐트가 물에 잠기지 않도록 했다.

이곳은 강이 가깝고 수면에서 10미터 이상 높기 때문에 물이 불어도 안심이 된다. 매일 씻을 목욕물도 빼놓을 수 없고 식기와 옷을 씻는 데도 많은 양의 물이 필요하다.

낚시를 하면 꽤 맛있는 물고기가 잡힌다. 그 중에서도 전기메기는 꼬들꼬들해서 아주 맛있다. 마지막으로 땅의 풀을 베어 뱀이나 진드기가 침입하지 않도록 하였다.

텐트 친 장소는 우리가 추적하고 있는 고릴라 무리가 찾아오는 지역이다. 사실 텐트 바로 옆을 무리가 지나는 경우가 있다. 다른 고릴라 무리도 근처까지 오기도 하고 텐트 바로 옆에 있는 나무에 침팬지가 올라가기도 한다.

저녁이나 새벽에 코끼리나 버팔로도 느릿느릿 모습을 드러내고 탈라포인이라는 작은 원숭이도 나무 위를 달린다. 바로 정글에 있는 동물들의 낙원이었다.

어느 날 저녁, 숲에서 돌아와 목욕을 하고 있는데 캠프 사람들이 "잠깐 와서 봐!"라며 떠들었다. 무슨 일일까 싶어 텐트 옆 풀숲에 들어가 보니 고릴라가 한 마리 앉아 있다. 아무래도 젊은 수컷 같다. 나를 보고도 도망치는 기색은 없다. 뭔가 열심히 양손을 두드리고 있다. 게다가 한쪽 손바닥을 위로 향하게 하고 다른 한 손으로 흙덩이 같은 것을 들고 손바닥에서 부딪치고 있는 것이다.

처음 만난 고릴라니까 인간을 두려워하며 도망쳐야 할 텐데 태연한 표정을 짓고 있다. 게다가 도대체 무엇을 하고 있는 것일까? 가만히 보니 고릴라가 박수치고 있는 것은 꼬리치레개미라는 개미집임을 알게 됐다. 이 개미들은 엉덩이를 들고 다니기 때문에 이런 이름이 붙었는데 나무줄기에 흙을 운반해서 풋볼 정도의 둥지를 튼다. 고릴라는 그것을 손으로 부순 다음 손으로 두드려서 개미를 둥지에서 떨어뜨려 먹고 있었던 것이다.

예전에 카후지 저지대 숲에서 동부로랜드고릴라가 땅을 쳐서 총알개미를 먹는 것을 본 적이 있다. 무칼라바 숲의 서부로랜드고릴라도 손으로 두드려 개미를 먹고 있는 것이다. 다만 그 방식이 너무 세련되어서 개미집을 한 손으로 번갈아 바꿔가며 두드리고 있다. 각자의 손이 다른 역할을 하고 있다. 이것은 도구를 사용하는 것과 같은 동작이라고 나는 생각했다.

침팬지는 돌이나 나무를 이용해 딱딱한 견과류를 깬다. 고릴라는 이런 도구를 사용하지 않지만 한 손으로 다른 손을 쳐서 개미를 떨어뜨린다. 게다가 개미집을 바꿔들고서 같은 동작을 다른 손으로 한다. 이것은 꽤 고도의 기술임에 틀림없다.

우리는 이 젊은 수컷에게 '무르'라는 이름을 붙였다. 이상하게도 마을 사람들은 아무도 무르를 만난 적이 없는데도 무르는 아예 인간을 두려워하지 않았다. 이날 이후 무르는 종종 캠프에 나타나 우리를 놀라게 했다. 무르는 마치 고릴라 왕국에서 온 친선대사 같다는 생각이 들어 우리는 언제나 무르를 따뜻하게 맞이했다.

같은 소리라도 다른 의미

아프리카의 저지대 무칼라바 숲에서 고릴라 집단을 쫓고 있을

때의 일이다. 아직 사람과의 만남이 익숙하지 않아서 우리가 다가가면 실버백 파파가 앞으로 튀어나온다. 크악 하고 외마디 소리로 으르렁대며 팔을 똑바로 땅에 세운 다음 어깨를 치켜들고 우리를 노려본다. "더 이상 다가오지 마!"라는 뜻이다.

어쩔 수 없이 우리들은 걸음을 멈추고 잠시 상황을 살피게 된다. 그러자 파파는 거드름을 피우듯 발길을 돌려 하얀 등을 보이며 천천히 떠난다.

하지만 여기에서 바로 쫓아가서는 안 된다. 고릴라들이 안정을 찾고 대열을 다시 짜거나 흩어져 음식을 찾기 시작할 때까지 기다렸다가 슬쩍 움직이는 것이 매우 중요하다.

고릴라를 잃어버려 초조하게 움직이기 시작하면 다시 실버백이 돌진해 온다. 전보다 화가 나 있으니까 이번에는 덤벼들어 크게 다

칠지도 모른다.

그때 이상한 소리가 들렸다. 구로로로우 하며 낮은 목소리가 덤불 속에서 들려온 것이다. 그러자 순식간에 고릴라가 보이지 않게 되었다. 어, 다 가버리는구나. 지금 낸 소리는 "자, 모두 가자"는 신호인가. 나는 그렇게 생각했다. 그리고 몇 차례 고릴라들을 만날 때마다 같은 소리를 들었다. 어떤 때는 실버백의 모습이 보이지 않아도 이 목소리가 들리자 고릴라들이 이동하기 시작했다.

잠깐, 나는 생각했다. 이 소리는 어디선가 들었던 기억이 난다. 어디였을까? 그래, 타로 소리라고 나는 속으로 외쳤다.

아이치현 오야마시에 있는 일본 몽키센터에 '기소 타로'라는 이름의 수컷 고릴라가 있다. 영국 에든버러 동물원에서 자란 고릴라인데 서부로랜드고릴라로 무칼라바의 고릴라와 같은 동료다. 그 타로를 만나면 철망 너머로 물끄러미 나를 바라봐준다. 그리고 내가 떠나려고 걸음을 옮기기 시작하면 구로로로우 하는 우물거리는 듯한 소리가 들리는 것이다. 마주보고 있을 때는 결코 내지 않는다. 내가 등을 돌리면 이 소리를 내는 것이다.

어쩌면 파파도 타로도 모두가 흩어질 때 내는 소리인지도 모른다고 나는 생각했다. 그런데 좀 다르다. 파파는 "자 가자"지만 타로는 "이제 가겠구나" 같은 기분일 것이다. 같은 음성을 다른 의미로 사용하고 있다. 아마 타로도 선천적으로 이 음성을 내는 능력을 가지고 있을 것이다. 하지만 태어나고 자란 동물원이라는 환경에서 그 음성 사용법을 야생과는 다르게 바꾸어 버린 것은 아닐까.

그리고 나서 나는 고릴라의 목소리에 주목해보기로 했다. 흥미롭게도 1000km 이상 떨어진 콩고민주공화국의 고릴라도 같은 목소리를 낸다는 것을 깨달았다. 하지만 여기서는 실버백이 동료에게서 떨어져 맛있는 음식을 발견하고 그것을 먹기 시작했을 때 발성했다. 이곳의 고릴라는 동부로랜드고릴라이기 때문에 종의 차이가 있다. 100만 년 전 서부로랜드 고릴라와 나뉘어 독자적인 진화를 했기 때문에 비슷한 음성을 다른 의미로 사용하게 됐는지도 모른다.

사람도 같은 말이라도 언어에 따라 다른 의미를 가진다. 예를 들어 "나니?"는 일본어로 "뭐야?"이지만 아프리카의 스와힐리어로는 "누구야?"라는 뜻이다. 고릴라에게도 같은 현상을 볼 수 있다는 것을 깨닫고 나는 기뻤다.

먹거리 분배를 보았다

먹거리는 원숭이에게 항상 싸움의 근원이다. 원숭이가 좋아하는 과일은 익는 시기가 한정되어 있고 잎사귀처럼 많이 있는 것도 아니다. 그래서 맛있는 과일이 익으면 앞다투어 나무에 올라가 과일을 입에 집어넣는다. 그럴 때 다른 원숭이와 마주치면 쟁탈전이 일어날 것이다. 하지만 원숭이들에게는 싸움을 방지하는 규칙이 있다. 원숭이들은 자신이 다른 원숭이보다 강한지 약한지를 잘 알고 있어서 강한 원숭이 앞에서는 자리를 양보하고 약한 원숭이 앞에서는 과일을 독점하는 것이다.

그런데 침팬지는 다르다. 몹시 힘이 센 수컷이 맛있는 과일과 고기를 손에 넣으면 암컷과 새끼들이 모여 손을 뻗는다. 수컷의 얼굴을 들여다보거나 먹고 있는 입에 손을 대거나 하여 분배를 조른다. 그렇게 되면 수컷은 마지못해 암컷이나 새끼들에게 음식을 먹게 하는 것이다. 침팬지에게서는 약한 쪽이 강한 쪽으로부터 음식을 취한다.

오랫동안 고릴라에게서는 먹거리 분배가 관찰되지 않았다. 그것은 과일이 좀처럼 열리지 않는 고지에 사는 마운틴고릴라만 조사해 왔기 때문이다. 대량의 잎사귀와 풀을 먹기에 샐러드볼 속에 있는 것 같은 마운틴고릴라는 음식을 나눌 필요가 없다. 하지만 나는 저지대의 무칼라바 숲에서 서부로랜드고릴라 조사를 시작했을 때 어쩌면 고릴라에게도 먹거리의 분배가 일어나는 게 아닐까 하고 생각했다. 무칼라바 숲에는 과일이 풍성하고 고릴라도 과일을 무척 좋아했기 때문이다.

그날은 드디어 왔다. 파파 장티 그룹을 만난 지 5년 만인 어느 날 낮이었다. 쿵 소리가 나더니 눈앞에 있던 실버백 파파가 허둥지둥 소리가 나는 쪽으로 떠났다. 뭔가 있다고 생각한 나는 즉시 그 뒤를 쫓았다. 근처에서 쉬고 있던 암컷과 새끼들도 뒤따른다.

파파는 큰 나무 그늘에서 축구공만한 크기의 과일을 안고 뜯어 먹고 있었다. 이내 암컷과 새끼들이 주위를 에워싼다. 그러자 파파는 일단 뜯은 조각을 입에 넣지 않고 툭 떨어뜨리는 것이다. 거침없이 배에 새끼를 안은 암컷이 주워 입에 넣는다.

또 파파가 조각을 떨어뜨리자 이번에는 새끼 고릴라가 그것을 주우려 했다. 하지만 파파는 그 손을 저지하고 더 어린 새끼에게 주워준다. 그런 일이 여러 차례 반복됐고 결국 파파를 둘러싸고 있던 두 마리의 암컷과 세 마리의 새끼는 적어도 한 번은 과일 조각을 주울 수 있었다. 파파는 모두에게 공평하게 과일을 분배한 것 같았다.

이 과일은 '아프리카빵나무'(Treculia africana)라고 하며 침팬지도 때때로 동료와 분배한다. 내용물은 달지만 표면이 단단해 잘 찢어지지 않아 먹는 데 시간이 걸린다. 그러니 모두 모여 분배해 먹을 수 있을 것이다. 이것은 고릴라에 의한 먹거리 분배의 첫 번째 발견이었다.

고릴라들의 모습은 우리의 식사를 연상케 했다. 인간도 다 같이 마주앉아 같은 음식에 동시에 손을 뻗어 먹는다. 그것은 힘센 자가 약한 자에게 음식을 분배하고 있는 고릴라나 침팬지들의 모습과 흡사하다.

원숭이와 달리 인간은 고릴라나 침팬지와 가까운 규칙 아래 식사를 하고 있다. 게다가 인간은 고릴라보다 훨씬 너그럽다. 먹거리가 싸움이 아니라 동료들을 즐겁게 이어주는 역할을 하고 있다는 것을 깨달았다.

생태 관광을 하자

서부로랜드고릴라 서식지에서는 예로부터 사람들이 고릴라를 식량으로 삼아온 역사가 있다. 다행히 우리가 고릴라 조사를 시작한 무칼라바 국립공원 옆에 있는 드살라 마을에서는 고릴라를 먹지 않았다. 이 습관을 넓혀 어떻게든 고릴라와 사람이 공존할 수 있게 하고 싶었다.

조사가 진행되면서 우리가 이름을 붙인 고릴라들의 소문이 퍼지기 시작했다. 특히 파파 장티(다정한 아빠)의 이름은 700킬로미터 떨어진 수도에까지 닿았다.

마을 사람들이 우리에게서 들은 이야기를 여기저기서 전해주어 평판이 났기 때문이다. 야생 고릴라를 가까이서 볼 수 있다니 적도 바로 아래의 나라 가봉공화국에서는 지금까지 있을 수 없었기 때문에 모두가 관심을 가졌던 것이다.

캠프를 도우러 온 여성들도 캠프 바로 옆을 지나가는 장티 무리를 직접 보고 친근함을 느끼게 되었다. 엄마 등을 타고 가는 새끼 고릴라, 구르듯 달려가는 어린 고릴라를 모두 환호하며 지켜봤다.

장티 그룹 고릴라 모두에게 이름을 붙여주자 각각의 고릴라 동향에 대해 모두가 궁금해 하기 시작했다. 그중에는 마을 사람들의 이름을 붙인 고릴라도 있었으므로 화를 내는 사람도 있고 자기 일처럼 여기는 사람도 있었으며 마을에서는 고릴라 이야기에 꽃이 피게 되었다. 그래서 우리는 이 땅에 외국 관광객을 불러와 고릴라를 보여 주기 위한 계획을 세우기 시작했다

가봉공화국은 19세기 이후 프랑스 식민지였는데 1960년 독립한 이후에도 서구 국가들의 기업이 석유 채굴과 목재를 베어왔다. 현지인들은 이들 기업에 전적으로 의존해 스스로 사업을 벌이겠다는 생각을 하지 않았다.

드살라 마을도 과거에는 목재 벌목으로 번성했으나 목재 회사가 다른 땅으로 옮기자 사람들도 없어지고 마을은 쓸쓸해졌다. 스

스로 다리나 도로를 만들거나 학교나 진료소를 지을 재력도 인력도 없다. 하지만 '생태 관광'을 시작하면 마을에 돈이 들어온다. 고릴라를 비롯한 지역의 자연을 보호하고 관광에 이용하려는 움직임이 활발해진다. 마을사람들도 고릴라들도 풍요롭게 공존할 수 있게 되는 것이다.

'생태 관광'이라는 것은 자연을 대상으로 한 소규모 관광의 하나로 자연 자원을 지속적으로 이용해 지역에 경제 효과를 주는 것을 목적으로 한다. 나는 이것을 어떻게든 지역의 힘으로 이루고자 했다.

이미 콩고민주공화국의 카후지산에서 포레포레 기금이라는, 지역에 의한 보호 활동을 시작하고 있다. 그래서 포레포레 기금의 대표자 존 씨와 콩고인 연구자 바사보세 씨를 무칼라바로 초청했다. 그들은 아프리카에서 자연보호 활동을 하는 어려움과 기쁨, 그리고 자부심을 말해줬다. 그것이 새끼들 교육에 얼마나 도움이 되는지에 대한 이야기를 마을 사람들은 눈을 반짝이며 듣고 있었다.

다행히 일본 JICA(국제협력기구)의 지원으로 아프리카 사람들이 일본에서 연수를 받을 수 있게 되었다. 그리고 나는 생태 관광을 하는 일본 단체를 소개받아 실습을 했다.

무엇보다 지역의 아름다운 자연뿐 아니라 사람들의 전통적인 삶과 활동을 보여주는 것이 중요하다는 것을 모두들 알게 되었다. 무칼라바 사람들은 오랫동안 자신들의 삶을 해외 사람들에게 보여주는 것을 부끄럽게 여겼던 것이다.

생태 관광은 그런 부끄러운 감정을 역전시키며 자부심을 가지고 자신들의 문화를 소개할 수 있게 한다. 그것을 깨달은 사람들은 비로소 생태 관광 실현을 향해 움직이기 시작한 것이다.

제 9 장

고릴라에게서 배운 것

사는 것은 먹는 것

고릴라와 함께 걸어온 여행도 이제 막바지에 가까워졌다. 그런데 나는 도대체 무엇을 고릴라(들)에게서 배운 것일까.

아침부터 밤까지 고릴라와 다니다 보면 그들이 하루의 대부분을 먹는 데 쓰고 있음을 알 수 있다. 아침에 잠자리에서 일어나자마자 바로 잠자리 근처의 풀을 먹기 시작한다. 고지라면 엉겅퀴나 셀러리이고 저지대라면 아프리카 생강이나 칡이다. 과일이 잘 열리지 않는 고지에서는 여러 종류의 풀과 잎을 계속 먹으며 10시쯤 되면 긴 휴식에 들어간다. 배는 식물섬유로 가득해 이를 장내에서 공생하고 있는 박테리아의 힘을 빌려 소화시킨다. 방귀도 나온다. 과일이 풍부한 저지대에서는 넓게 흩어져 돌아다니며, 익은 과일을 발견하면 나무에 올라가 식사에 전념한다. 과일은 당분이므로 소화가 쉽고 긴 휴식을 취할 필요는 없다. 그래서 저지대 고릴라는 짧은 시간의 휴식을 취하고 먼 거리를 걸으며 과일을 찾는다.

이렇게 해서 고지대와 저지대의 고릴라는 음식의 종류도 먹는 방법도 크게 다르다. 하지만 음식을 찾아 먹고 소화하는 데 많은 시간을 쏟는다는 점은 공통적이다. 고릴라에게 하루하루는 먹는 행위의 반복으로 이루어진 것이다. 하지만 먹는 것은 결코 쉬운 행위가 아니다.

언제, 어디서, 무엇을, 누구와, 어떻게 먹을 것인가 하는 다섯 가지 과제를 완수해야 한다. 특히 집단을 만들어 살 때는 누구와 먹느냐에 따라 다른 과제가 영향을 받는다. 자신보다 강한 동료가 곁에 있으면 자신이 좋아하는 음식에 손을 댈 수 없으므로 시간과 장소를 바꿀 필요가 있다. 음식의 종류를 바꾸거나 빠르게 입에 넣고 이동하는 방법을 취할지도 모른다. 상대가 자신보다 약하거나 사이가 좋다면 또 다른 방식을 취할 것이다.

그것은 인간도 마찬가지다. 인간도 고릴라의 동료니까 육식동물처럼 일주일에 두세 번 고기를 먹으면 된다는 법은 없다. 매일 음식을 섭취하지 않으면 안 되도록 위장이 생겼다. 다만 인간은 재배하거나 조리하거나 가공하여 소화가 잘 되는 음식을 만들 수 있다. 게다가 현대에는 굳이 음식을 찾아다니지 않아도 식당에 가면 바로 원하는 음식을 먹을 수 있고, 가게에 가면 조리가 끝난 음식과 바로 먹을 수 있는 인스턴트식품이 즐비해 음식 찾는 시간도 소화하는 시간도 절약할 수 있다.

그래서 오늘날에는 먹는 데 시간을 많이 쓰지 않는 게 상식이 되어 있다. 여기에 개인이 원할 때 원하는 장소에서 원하는 대로 먹고 싶은 욕구가 커지면서 혼자 먹는 사람이 늘고 있다. 하지만 그것은 '누구와'라는 과제를 잃어버리는 것이나 다름없다. 인간이 고릴라와 다른 것은 음식을 둘러싸고 함께 먹는 식사를 일상적으로 하는 것이다. 저지대에 사는 서부로랜드고릴라에게서 우리가 발견했듯이 고릴라도 가끔은 음식을 분배한다. 하지만 고릴라 수컷은 암컷이나 새끼들이 조르지 않으면 나누지 않으며 결코 나서서 나누지도 않는다. 한편 인간은 일부러 음식을 가지고 와서 조리하고 모두가 즐겁게 먹는다. 원숭이가 본다면 왜 강한 인간이 음식을 독점하지 않는지 신기할 것이고, 고릴라가 본다면 왜 인간은 조르지도 않는데 음식을 나누어 먹는지 신기할 것이다.

그렇다. 인간에게 식사 시간은 신뢰할 수 있는 동료가 모이는 소중한 기회인 것이다. 더욱이 음식을 통해 접촉함으로써 새로운 동료를 만들거나 동료 관계를 조정할 수 있다. 언제부턴가 인간은 음식을 커뮤니케이션의 도구로 삼아서 둥그렇게 둘러앉는 이상한 모임을 창조했던 것이다.

그것이 편의점이나 인스턴트 푸드라는 편리하고 시간이 걸리지 않는 식품을 얻는 방법이 보급됨에 따라 혼자서 고독하게 식사하는 현상으로 바뀌기 시작하고 있다. 확실히 혼자 식사하게 되면 인간관계의 틀에서 해방되어 시간을 절약하고 자유로울 것 같기는 하다. 하지만 그것 때문에 친한 사람이나 친한 관계를 맺고 싶은 사람과 즐겁게 시간을 공유할 기회를 잃는다는 것도 사실이다.

고릴라들은 늘 함께 있지만 먹을 때는 싸움을 피해 떠나는 것이 보통이다. 사람들은 오히려 먹을 때 모인다. 그것은 음식을 앞에 두고 싸우지 않는 평화로운 관계에 있다는 것을 식사가 전제로 하고 있기 때문이다. 이런 귀중한 사회적인 장치를 놓치다니 인간은 바보구나 하고 고릴라가 말하는 것 같다.

고릴라와 인간 모두 개성을 가지고 살고 있다

고릴라들은 한 마리 한 마리가 저마다 개성을 지닌 생물이었다. 그것은 이름을 지어 보면 잘 알 수 있다. 우리도 인간이라든지 일본인이라든지 하고 뭉뚱그려 불리고 싶지 않다. 고릴라도 그렇다.

고릴라뿐만 아니라 모든 생물은 각각의 개체가 개성을 발휘하며 살아가고 있다. 우리들 인간도 그 점을 제대로 의식해 생물과 접하지 않으면 안 된다는 것을 깨달았다.

처음 고릴라를 만났을 때 내게는 고릴라가 다 똑같아 보였다. 하지만 필사적으로 각각의 개체의 특징을 기억하고 한 마리 한 마리에게 이름을 붙여주고 행동을 기록하다 보니까 각자의 개성을 분별할 수 있게 되었다.

예를 들어 비룽가 화산지대에서 내가 가장 먼저 사이가 좋아진 무리는 6마리의 수컷 고릴라로만 이루어져 있었다. 가장 나이가 많은 '피너츠'라는 이름의 수컷은 침착하고 위엄 있는 실버백이었다. 하지만 너무 느긋해서 천천히 풀을 먹는 동안 다른 고릴라들이 피너츠를 두고 떠나버리기도 했다. 조금 나이 어린 '비츠미'는 활동적이고 자주 돌아다니지만 실버백인 주제에 외로움을 많이 타서 다른 고릴라 가까이에 있고 싶어 하는 성격이었다. 비츠미 아래인 '실리'는 블랙백으로 아직 청년이었지만 분위기를 잘 읽고 다른 고릴라가 말썽을 부려 싸울 것 같으면 이내 중간에 들어가 말린다. 연하의 고릴라들과 잘 놀고 잘 돌보는 수컷이었다. 한 살 어린 '에이해브'는 낯을 가리고 최연소자인 타이터스만 데리고 다녔을 뿐 다른 고릴라와 자주 접촉하지 않았다. 일곱 살 '패티'는 암컷 이름이 붙었을 정도로 얌전했고 약간 내성적이며 신중한 태도를 취했다. 6살 '타이터스'는 장난꾸러기 소년으로 누구와도 잘 어울려 놀고, 언제나 놀이의 중심이 되는 모두의 인기인이었다. 나에게도 자주 놀자고 꾀기 때문에 항상 어디에 있는지 주의를 기울이고 있어야 했다.

이처럼 6마리의 고릴라는 각기 개성이 다르다. 하지만 솔직히 말하면 고릴라의 개성은 말로 표현할 수 없다. 어느 정도의 뉘앙스가 전해지더라도 그 인상은 어디까지나 내가 고릴라와 사귀어 얻은 것이기 때문이다. 다른 사람이라면 고릴라의 태도도 바뀔 수밖에 없고 인상도 달라질 가능성이 있다.

인간이라도 마찬가지 아닐까. 친한 동료는 서로 개성을 안다고 느끼고 있지만, 그것을 충분히 말로 표현할 수 없다. '심술궂은 사람'이라든가 '소극적인 성격'이라든가 '수다쟁이에다 남의 일에 끼어드는 사람'이라고 표현하지만 그것은 그 사람의 일면일 뿐이다.

우리는 우리가 알고 있는 성격의 틀에 적용해서 사람들을 보려고 한다. 하지만 그 생각은 쉽게 배신당하며 사람들은 그런 틀에 박히지 않는 개성을 가지고 있다. 개성이란 그 사람만의 독특한 것이지 결코 다른 사람과 동일시할 수 있는 것은 아니기 때문이다. 오히려 대체하기 어려운 개성을 인정하기 때문에 우리는 친하게 지낼 수 있지 않을까.

고릴라의 개성을 알게 되면서 나는 상대에 따라 대응하는 방식을 바꾸게 되었다. 타이터스가 장난스러운 눈을 하고 다가올 때는 쌍안경이나 카메라를 숨기지 않으면 빼앗긴다. 피너츠가 다가오면

아마 내가 있는 근처에 그가 먹고 싶은 풀이 있을 거라고 생각해서 장소를 양보한다. 그들의 개성을 알면 행동을 읽고 무엇을 하고 싶은지 짐작할 수 있다. 우리 인간도 마찬가지로 상대방의 개성을 안 다음에 그 행위를 통해 마음이나 의도를 읽고 있을 것이다. 개성은 언어로 설명할 수 없음을 고릴라는 알려주었다. 하지만 현대는 무엇이든 정보로 이해하려고 하기 때문에 언어를 고집하기 쉽다. 자신이나 남의 행동의 의미를 일일이 말로 설명한다. 그래야 알 것 같다. 예를 들어 친한 친구에게 무시당했다고 치자. 이미 잘 알고 있기 때문에 생략한 것일 수도 있고, 잊고 있었을 뿐일 수도 있고, 옆에 있던 다른 친구에게 자신과 친하다는 걸 알려주고 싶지 않았을 수도 있다. 그 태도가 평소와 다르니까 나는 확인해 보고 싶다. 하지만 그것을 확인하는 것은 언어로 밖에 할 수 없다. 게다가 친구가 그 이유를 대답했더라도 그것이 사실이었는지 결국 알 수 없다. 언어를 사용하다 보면 어떻게든 언어로 이해하고 싶어진다. 그것이 오히려 오해나 불신을 안겨주는 결과가 된다.

고릴라는 그런 세계에 살고 있지 않다. 고릴라 입장에서 보면 눈앞에 있는 상대방의 행동이 전부이지 그 외에는 상대를 이해할 필요가 없다. 물론 상대방의 개성을 알기 때문에 즉시 반응할 수 있어 애초에 낯선 상대에게 다가가지 않는다. 그래서 고릴라는 항상 동료와 함께 있다. 함께 있기 때문에 서로 이해할 수 있고 어떤 행동이라도 이해할 수 있는 것이다.

인간은 동료와 항상 함께 있는 게 아니며 전혀 모르는 타인에 대해서도 쉽게 받아들일 수 있다. 그것은 언어로 교제하는 것을 배우고, 많은 사람과 사귀는 사회의 룰을 만들었기 때문이다. 규칙이나 언어로 어느 정도는 친해질 수 있다. 그러나 진정한 신뢰관계를 가지려면 오랜 시간에 걸쳐 서로의 개성을 알아야 한다. 그렇게 만들어 낸 동료관계에서 언어는 필요 없다. 오히려 언어를 매개로 상대를 깊이 알려고 하는 것은 어려운 일이다.

자기주장이란 어렵다

'고릴라에게도 왕따가 있나요?'라는 질문을 자주 받는다. 답은 '아니요'다. 예를 들어 8장에 가봉공화국의 무칼라바 국립공원에서 오른팔 팔꿈치부터 잃은 '도도'라는 3살 정도의 어린 고릴라가 등장한다. 엄마도 사라져 버려서 도도가 살아남을 수 있을지 걱정이었다. 오른손을 짚고 다니지 못하고 나무도 못 오르는 도도는 혼자 먹을 것을 찾지 못한다. 더 걱정되었던 것은 나이가 비슷한 다른 어린 고릴라에게 괴롭힘을 당하지 않을까 하는 것이었다.

하지만 모두의 걱정을 아랑곳하지 않고 도도는 훌륭하게 성장했다. 그것은 아버지 파파 장티라는 실버백의 극진한 보호가 있었기 때문이기도 하지만 다른 새끼들이 도도를 괴롭히는 일은 전혀 없었다. 무엇보다도 도도가 자신의 불우함을 심각하게 받아들이지 않고 항상 자신의 힘을 다해 살려고 하는 점이 도도의 자립을 도운 것이라고 생각한다.

장애가 있는 동료에게 손을 내미는 사람과 달리 고릴라는 적극적으로 돕지는 않는다. 파파도 빨리 걷지 못하는 도도를 가만히 기다려줬을 뿐이다. 때때로 과일이 달린 가지를 떨어뜨려 주었으나 그것이 도도를 위해 의도적으로 한 행위였는지는 모르겠다. 하지만 그렇기 때문에 도도는 어떻게든 자기 나름대로 걷거나 나무에 오르는 방법을 터득했고, 다른 새끼들에게 뒤지지 않을 정도로 성장할 수 있었다.

도도는 새끼들과 놀 때도 지지 않는다. 한 손으로 상대를 붙들고 상대가 도망치면 쫓아다닌다. 그럴 때 도도의 입에서 웃음소리가 새어나와 도도가 즐거워한다는 것을 알 수 있다. 다른 새끼들도 도도가 장애를 가진 걸 알지만 그렇다고 특별히 봐주는 것은 아니다. 원래 놀이라는 것은 상대방과 자신과의 역학관계를 이해하면서 서로 억제하고 서로 놀이를 권함으로써 지속된다. 처음부터 규칙이 있는 것은 아니고 서로 자신의 힘을 보여주면서 고조되어 간다. 그렇게 경쟁하는 가운데 놀이의 룰은 자연스럽게 생기는 것이다.

고릴라 새끼들이 노는 모습을 보면서 "아, 이렇게 고릴라는 친구들과 사회관계를 만들어 가는구나"라고 생각했다. 고릴라는 자기주장을 아주 좋아한다. 새끼 때부터 고릴라는 가슴을 두드린다. 그것은 인간의 아기가 커다란 소리로 우는 것과 닮았다. 고릴라 새끼도 그렇게 모두의 주목을 끌려고 하기 때문이다. 그렇지만 인간의 아기가 불쾌할 때나 불안할 때 우는데 비해 고릴라 새끼는 기분 좋게 가슴을 친다. 그리고 모여 있는 손위 새끼들과도 고릴라 새끼는 함께 노는 것이다.

고릴라 새끼들은 놀이 속에서 자주 가슴을 두드리고 상대방의 반응을 본다. 상대방도 가슴을 두드리면 놀이는 흥이 난다. '산대장 놀이'라는 놀이가 있다. 고릴라 새끼들이 번갈아 높은 곳에 올라가 가슴을 두드린다. 우리 아이들은 가슴을 두드리는 대신 언어를 사용하는데 놀이의 형식은 같다고 생각한다. 가슴 두드리기는 고릴라의 자기주장 표현으로 인간의 언어를 대신하는 수단인 것이다.

가슴 두드리기는 고릴라 수컷이 어른이 되면서 드러밍으로 완성된다. 이는 ① 몸을 흔들면서 입을 오므리고 운다. ② 입에 풀이나 잔가지를 문다. ③ 두 발로 일어선다. ④ 주변의 물건 잡아 던진다. ⑤ 양손으로 번갈아 가슴을 친다. ⑥ 발로 허공을 차고 돌진한다. ⑦ 초목을 때려눕힌다. ⑧ 양손으로 힘껏 땅을 친다는 8가지 동작으로 이루어져 있다. 몇 가지 동작이 생략되기도 하지만 대체로 이 순서로 정해진 틀처럼 이루어진다. 박진감 넘치기에 보고 있으면 반할 정도로 아름답다. 일본이 자랑하는 전통 예능인 가부키에서 유명한 '미에'라는 동작과 흡사하다.

19세기 중반 아프리카에서 서구 탐험가가 처음 고릴라를 만났을 때 고릴라 수컷이 드러밍을 하는 것을 보고 깜짝 놀랐다고 한다. 고릴라가 공격해 올 줄 알고 자신도 모르게 총을 꺼내 방아쇠를 당긴 것이다. 그리고 고릴라가 싸움을 좋아하는 무서운 동물이라고 탐험기에 기록하여 그 이미지가 일반적으로 퍼져버렸다. 덕분에 고릴라는 사납고 위험한 맹수로 낙인찍혔고 100년이 넘도록 삼엄한 우리에 갇혀 동물원에 전시하게 된 것이다. 그 오해가 풀린 것은 20세기 후반 야생 고릴라에 대한 조사가 시작되면서부터이다. 드러밍은 사실 자기주장이지 싸운다는 선언이 아니었던 것이다.

인간 세계에서도 자기주장은 어렵다. 지나치게 주장하면 상대방에게 미움을 받고, 주장하지 않으면 상대방에게 무시당한다. 상대방의 관심을 끌어내고 상대방의 미움을 받지 않으려면 어떻게 해야 할지 우리는 늘 고민한다. 고릴라 같이 가슴 두드리기가 있었으면 좋겠다고 생각할 때가 있다. 가슴 두드리기는 상대방과 적당한 거리를 두고 자신을 주장하며 상대방의 관심과 반응을 이끌어내는 아주 좋은 수단인 것이다. 인간은 가슴을 두드리는 대신 말을 건넨다. 하지만 말은 의미를 전달하기 때문에 반드시 자신의 솔직한 마음이 전달된다고는 할 수 없다. 말로 오해를 사서 상대방을 다치게 하거나 상대방의 분노를 사게 된다. 인간은 언어를 가졌기 때문에 편리하기도 하지만 오히려 까다로운 일도 생긴다고 마음 속 깊이 생각한다.

중재 잘하는 고릴라들

고릴라를 보다가 너무 놀란 적이 있다. 실버백 수컷끼리 싸울 때 새끼들이 수컷들에게 매달려서 싸움을 멈추게 한 것이다. 덕분에 실버백들은 깊은 상처를 입지 않고 비길 수 있었다. 이런 모습을 원숭이에게서는 본 적이 없었다.

고릴라 조사를 하기 전에 만났던 일본원숭이는 어른 수컷끼리의 싸움에 새끼들이 끼어들지 않는다. 왜냐하면 자신보다 힘센 원숭이를 막으려다 반대로 자신이 상처받을 수 있기 때문이다. 그래서 싸움에 끼어들어 말리는 것은 무리 중 가장 강한 수컷원숭이인 경우가 많다.

원숭이가 다른 원숭이의 싸움에 참가하는 방식은 매우 합리적이기는 하나 나는 좀 교활하다고 생각한다. 원숭이들이 싸움을 시작하자 모두 이길 것 같은 원숭이에게 가세하는 것이다. 원숭이 사이에는 어떤 원숭이가 강하고 연약한 지를 정하는 순위가 있어서 모든 원숭이가 잘 알고 있다. 그래서 싸움이 시작되면 주변의 원숭이는 어느 쪽이 센가를 알기에 강한 원숭이 편을 들며 약한 원숭이를 공격한다. 승패를 빨리 결정하는 편이 싸움이 길어지지 않기 때문이다. 가끔 평소 약한 원숭이가 힘을 얻고 이길 것처럼 되면 이번에는 손바닥 뒤집듯 주변에 있던 원숭이들은 그 원숭이에게 가세한다. 진 원숭이는 꼬리를 사리고 도망치고, 이긴 원숭이와 순위가 역전된다. 하지만 이러한 변동이 일어나면 군집 전체가 불안정해지면서 곳곳에서 옥신각신 실랑이가 벌어지기도 한다. 원숭이들은 그러한 소동을 피하고 싶으니 되도록 순위에 따라서 이길 것 같은 원숭이에게 가세하는 것이다.

하지만 나에게는 그런 원숭이들의 방식이 이지메로 보인다. 원숭이들은 강자와 약자의 순위 질서를 지키는 것이 무리의 안정을 가져온다고 해서 이길 것 같은 원숭이 편을 드는 것이다. 인간은 다르다. 인간은 평등의식이 강하고, 몸이 크다고 해서 위에 세우지는 않는다. 몸집이 큰 사람이나 작은 사람 모두 평등하게 사귈 수 있는 것이 인간 사회다. 원숭이처럼 이길 것 같은 편에 서는 것은 비겁한 방법이라고 생각한다. 그래서 원숭이 사회는 인간과 다르다고 생각했고, 고릴라도 원숭이처럼 강한 고릴라가 으스대고 있을 것이라고 예상했다.

그런데 고릴라는 달랐다. 싸움을 해도 덩치가 작은 고릴라는 과

감하고 용감하게 큰 고릴라를 향해 간다. 암컷의 몸은 수컷의 절반 정도밖에 안 되는데 수컷에게 분연히 맞선다. 게다가 고릴라에게는 패배를 인정하는 표정이 없다. 원숭이에게는 '그리메이스'(grimace)라는 이빨을 드러내는 인간의 웃음과 비슷한 표정이 있다. 약한 원숭이가 강한 원숭이에게 겁을 먹었을 때 보이는 표정으로 싸움에 지면 으레 이 표정을 보인다. 그러면 이긴 원숭이는 더 이상 공격하지 않고 자신의 강인함을 보여주듯 어깨를 으쓱거린 후 꼬리를 들고 떠난다.

침팬지도 그리메이스가 있지만 고릴라에게는 없다. 싸움에서 지면 낮게 웅크리고 몸을 둥그렇게 웅크릴 뿐이다. 이는 그 이상의 공격으로부터 몸을 지키는 자세다. 혹은 쇳소리를 내며 주위의 도움을 청한다. 그 소리를 들은 주위의 고릴라는 비난하는 소리를 내고 싸움이 커질 것 같으면 모두가 끼어들었다. 그럴 경우 끼어든 고릴라들은 싸우고 있는 두 고릴라 어느 쪽에도 가세하지 않는다.

이 부분이 내가 감탄한 부분이다. 고릴라의 중재는 어느 한 쪽에 가세해 승패를 분명히 하고 싸움을 끝내는 것이 아니다. 싸움 자체를 멈추게 하는 것이 목적인 것이다. 싸우고 있는 고릴라들도 승패를 보지 않고 체면을 유지한 채 비긴다. 애초에 고릴라 집단에서는 원숭이와 같은 강자와 약자라는 순위가 없다. 물론 몸집 크기에는 차이가 있고 그에 따라 힘의 세기에도 차이가 있다. 하지만 그것을 표면으로 내놓고 사귀지 않고 서로 대등하게 사는 것이 고릴라 사회의 특징인 것이다.

그런 고릴라의 중재를 보면서 깨달은 게 있다. "이기려"고 하는 것과 "지지 않으려"고 하는 것은 다르다는 것이다.

일본원숭이는 이기고 지는 것을 중시하여 승자의 편을 든다. 고릴라는 승부를 가리지 않고 싸움을 멈춘다. 어느 쪽을 중시하느냐에 따라 사회를 만드는 방법이 다르다. 일본원숭이는 강자와 약자가 분명한 계층사회이고 고릴라는 누구나 똑같이 대하는 대등사회를 만든다. 다툼을 어떻게 해결하느냐에 따라 사회의 존재 방법이 달라진다.

그런데 우리 인간은 어느 사회에 살고 있는 것일까. 일본에는 '호랑이의 권세를 빌려 위세를 떠는 여우' 이야기가 있다. 강한 자의 힘을 빌려 뽐내는 것을 말한다. 원숭이가 승자 편을 드는 건 강한 자에게 빌붙어 약한 자를 해치우려 하는 것이므로 이 속담에 가까운 태도일 것이다. 그 태도는 별로 감동할 만한 행위가 아니라고 생각되고 있다. 그렇다면 고릴라의 태도가 인간이 목표로 하는 사회에 가깝지 않을까.

그러나 궁금한 게 있다. 근래 일본 사회에서는 이기는 것만이 예찬을 받고 있지는 않은가. 부모들도 자녀가 이기도록 장려하며 학교 성적과 스포츠 결과에 일희일비한다. 하지만 이기는 것이 사실 친구들과의 관계를 깬다는 것을 부모들은 깨닫지 못하고 있다. 이기려면 원숭이처럼 상대를 굴복시키고 상대방이 패배를 인정하게 해야 한다. 그것에 상처받고 원한을 품은 동료는 떠날지도 모른다. 하지만 고릴라처럼 '지지 않는 것'을 목표로 하면 상대는 체면을 유지한 채 비길 수 있다. 동료를 잃는 일도 없이 오히려 싸움을 통해 상대를 잘 알게 된다.

인간의 아이들도 누구나 고릴라처럼 지고 싶지 않다고 생각한다. 하지만 주위가 이기는 것을 장려하기 때문에 이기려고 노력하다 보니 친구를 잃기도 하고 외로워지는 것은 아닐까. 혹은 지고 싶지 않은 생각이 강해져서 왕따에 가담하게 되는 건 아니었을까. 승패에 연연하지 말고 고릴라처럼 싸움을 멈추는 데 주의를 기울이면 서로 대등하게 사귀는 데 도움이 될 것 같다.

아이의 성장에 중요한 시기가 있다

고릴라 새끼가 성장하는 모습을 보면 인간 어린이의 신기한 특징을 알게 된다. 고릴라 새끼는 태어날 때 체중이 2kg 이하인데 인간 아기는 3kg 이상 나가는 경우가 많다. 고릴라 새끼의 체중은 점점 늘어 5살까지 50kg에 이른다. 하지만 인간 아기의 성장은 매우 느려서 5살이 되어도 20kg에 미치지 못한다. 어른이 되면 고릴라 수컷은 200kg, 암컷은 100kg을 넘을 때가 있다. 사람보다 배에 가깝거나 그 이상이다. 고릴라는 작게 태어나 빨리 크게 자란다. 인간은 크게 태어나 천천히 작게 자란다. 왜 이렇게 차이가 날까?

이 차이는 뇌의 크기와 성장에 있다. 인간의 뇌는 고릴라의 약 3배 크지만 태어날 때 크기는 고릴라의 2배도 되지 못한다. 그것은 태어날 때 아기의 머리가 지나가는 출산길이 좁기 때문이다. 700만 년 전에 인간 조상은 두 발로 서서 걷게 되었다. 당시에는 고릴라와 다를 바 없는 크기의 뇌였지만 200만 년 전부터 뇌가 조금씩 커지기 시작했다. 그러나 그때까지 500만 년 사이 생긴 직립이족 보행으로 골반이 접시 모양으로 변형되어서 상반신을 지탱하도록 튼튼해져 있었다. 그래서 그 중심부에 있는 출산길을 크게 할 수 없는 구조가 되어 버린 것이다.

그래서 인간의 엄마는 머리가 큰 아기를 낳을 수 없다. 출산길을 지날 수 있을 정도의 뇌를 가진 아기를 낳고 이후 아기는 급속히 뇌를 성장시킨다. 고릴라의 뇌는 4살까지 2배가 되어서 어른 크기에 이른다. 인간의 뇌는 생후 1년간 2배가 되고 5살까지 어른 뇌의 90%에 달하며 12~16살에 어른 뇌의 크기가 된다. 뇌는 활동을 유지하거나 성장하기 위해 매우 많은 에너지를 필요로 한다. 성장기 어린이의 뇌는 섭취하는 에너지의 45~80%를 사용하고 있다. 인간의 아기는 빠르게 성장하는 뇌를 보호하기 위해 두툼한 지방에

싸여 태어난다. 인간 아기가 고릴라보다 무거운 것은 체지방률이 높기 때문이다. 게다가 고릴라 새끼가 몸의 성장에 쓰는 에너지의 대부분을 인간 아기는 뇌의 성장에 사용한다. 그래서 인간 새끼의 성장은 늦어지는 것이다.

그럼 인간 아기의 젖을 떼는 시기는 더 늦어도 좋을 것이다. 고릴라 새끼는 3~4살까지 젖을 빨고 자란다. 젖을 떼었을 때 고릴라 새끼에게는 영구치가 나 있어서 어른과 마찬가지로 딱딱한 음식을 먹을 수 있다. 인간의 아기에게 영구치가 나오는 것은 6살이 되면서부터다. 그런데 인간의 아기는 한두 살에 젖을 떼고 만다. 젖을 뗀 후 한동안은 반찬과 같은 것을 먹을 수 없어 이유식을 줘야 한다. 왜 이런 이상한 일이 생기는 걸까?

그것은 인간이 고릴라보다 많은 아기를 낳기 때문이다. 고릴가 새끼가 젖을 빨고 있으면 엄마는 다음 새끼를 임신할 수 없다. 그렇기 때문에 고릴라는 4~5년에 한 번밖에 새끼를 낳을 수 없어서 같은 어머니에게서 태어난 고릴라 형제자매는 나이 차이가 많이 난다. 인간에게 나이가 비슷한 형제자매가 있는 것은 엄마가 짧은 시간에 아기를 많이 낳을 수 있기 때문이다.

그 차이는 아마도 고릴라와 인간이 살고 있는 환경에 있을 것이다. 고릴라가 살아가는 곳은 아프리카의 정글로 강한 육식동물이 적다. 설령 습격당하더라도 나무 위로 도망치면 지상에 있는 육식

동물로부터 벗어날 수 있다. 하지만 인간 조상이 나온 사바나에는 사자, 하이에나, 아프리카들개(리카온)을 비롯해 당시에는 대형 육식동물이 많이 있었다. 게다가 사바나에는 나무가 드물어 도망갈 안전한 장소가 부족하다. 어른뿐만 아니라 분명 아기나 아이가 습격당해 사망할 확률이 급상승했을 것이다. 그래서 아이를 많이 낳아 인구를 유지해야 했다. 이를 위해 수유 기간을 줄여 다음 새끼를 낳을 수 있도록 한 것은 아닐까, 라는 것이다.

그 결과 인간의 아기는 젖을 떼는 속도가 빨라지고 영구치가 나올 때까지 유치로 지내는 긴 이유기가 생겼다. 이 시기에는 스스로 먹을 것을 찾지 못할뿐더러 어른과는 다른 부드러운 음식만 먹을 수 있다. 여러 사람의 도움을 받지 않으면 살 수 없다. 고릴라 새끼는 4살이 되면 뇌는 어른 크기가 되고 영구치도 나서 자립할 수 있다. 인간 아기는 아직 홀로서기를 못한다. 어머니는 다음 아기를 임신하거나 낳기 때문에 새끼에게 손이 미치지 못한다. 이 시기는 우리 아기들에게 매우 위험해서 주위 사람들이 힘을 합쳐 양육해야 하는 중요한 기간이다.

뇌의 성장은 우리 아이들에게 또 하나 불안정하고 위험한 시기를 가져온다. 12~16살에 뇌의 성장이 멈추면 에너지를 몸의 성장으로 돌릴 수 있게 되면서 갑자기 몸이 바뀌기 시작한다. 키가 갑자기 커지면서 체중이 늘고 여자는 몸이 둥그스름해지고 남자아이는 목소리가 변하거나 수염이 난다. 어른과 비슷한 몸이 되어 어른 사회의 반열에 오르기 시작한다. 하지만 몸과 달리 마음은 그렇게 급속히 변할 수 없다. 우리 사회는 매우 복잡하고 다양한 지식과 체험을 쌓을 필요가 있기 때문이다.

그러다 보니 이 시기에 몸과 마음의 균형을 잃고 상처받거나 마음을 앓는 아이가 늘어난다. 자신의 힘을 과신해 친구들과 갈등을 빚거나 야심을 품고 위험한 일에 도전해 상처를 받는다. 혹은 자신이 주위의 기대에 못 미치는 것에 고민하거나 친구로부터 냉대를 당하거나 외롭다는 것을 견디지 못하게 되기도 한다. 이 시기의 아이들도 어른이나 선배와 같은 경험을 쌓은 사람들의 도움이 필요하다.

고릴라 새끼들도 이유기와 사춘기를 겪는다. 하지만 인간의 아이들에 비해 그것은 훨씬 온화하고 기간도 짧다. 애당초 새끼들은 태어나면서부터 줄곧 친숙한 관계 속에 둘러싸여 자라기 때문에 동료들과의 트러블에 시달릴 필요가 없다. 하지만 인간의 아이들은 자라는 환경은 물론 동료들도 눈부시게 변한다. 그런 어지러운 변화 속에서 자신을 만들어가는 것은 인간에게만 부과된 어려운 목표이고 주위의 따뜻한 지원이 없으면 극복할 수 없다.

그것을 나는 고릴라 새끼의 성장을 보고 배웠다. 인간의 자녀에게는 가족과 그것을 둘러싼 공동체가 매우 소중하다는 것을 새삼 깨닫게 된 것이다.

제 10 장

어떻게 살 것인가?

친구를 사귀기 위한 마음가짐

현대의 젊은 세대는 친구를 사귀는 문제로 고민할 때가 많은 것 같다. 저출산으로 인해 형제자매가 적고 학교에서만 또래와 어울린다. 학원도 다니고 스포츠클럽도 다니고 피아노학원도 다니고 아무튼 바쁘다. 비록 친구가 생겨도 굉장히 좁은 범위의 교제에 지나지 않기 때문에 반배정이나 졸업 등으로 곧 이별이 온다. 새로운 친구를 사귀는 데 또 고생을 한다. 새로운 환경에 적응하지 못하고 그만 집에 틀어박히고 만다. 그런 경험은 없을까.

초등학생부터 대학생까지 "친구를 사귀기 위해 무엇을 하면 좋을까?"하고 물어본 적이 있다. 대부분의 답변이 "상냥하게 대하기", "상대방의 말을 잘 들어주기", "상대방을 이해해주기"와 같은 것이었다. 나는 귀를 의심했다. 정말 다들 그런 수동적인 방법으로 친구가 생길 거라고 생각하는 걸까. 분명 일본의 많은 아이들은 어렸을 때부터 자신을 귀여워해 주는 사람들에게 둘러싸여 자라기에 자신에게 관심을 가질 필요는 없었을 것이다.

하지만 일단 고향을 떠나 다른 지역에 가거나 해외에 가보면 알게 될 것이다. 아무것도 하지 않으면 아무도 다가와주지 않고 섣불리 덤벼들려고 하면 비호감으로 받아들여진다. 자칫하면 남에게 속아서 황당한 일을 당한다. 그것을 방지하기 위해서는 친구가 될 수 있는 사람을 잘 살펴서 그 사람에게 확실히 자기 어필하는 것이 필요하다.

9장에서 "자기주장이란 어렵다"는 것을 고릴라에게서 배웠다. 인간의 자기주장은 더 어렵다. 그것은 인간이 비교적 자유롭게 드나들 수 있는 집단을 만들어 일상적으로 사람들이 여러 집단을 다니고 있기 때문이다.

고릴라는 10마리 안팎의 집단을 이루어 늘 모여 산다. 먹을 때도, 이동할 때도, 잠잘 때도 마찬가지다. 며칠이라도 집단을 떠나면 돌아올 수 없고 밖에서 들어오는 것도 힘들다. 수컷은 우선 받아들여지지 않는다. 암컷도 들어오면 주변을 매우 의식해서 조심한다. 신참인 암컷이 모두에게 받아들여지는 것은 실버백이 받아들였기 때문이다. 암컷끼리 싸움을 하면 반드시 실버백이 사이에 들어가 말리기 때문에 암컷들은 사이가 좋다고는 할 수 없지만 가까이 있어도 싸우지 않고 살 수 있다. 나는 그것을 '만원 전철 안 타인의 사귐'이라고 부르고 있다.

반면 인간 사회는 많은 사람을 받아들인다. 아이들도 가족과 함께 잠을 자지만 하루 종일 가족끼리 사는 경우는 드물다. 낮에는 학교에 가고 학교가 끝나면 스포츠 등 과외활동을 하거나 친구들과 놀거나 학원에 간다. 각각의 장소에서 다른 동료와 다른 교제를 한다. 고릴라는 절대 이렇게 할 수 없다. 인간이 가진 신비한 능력 덕분이다.

인간은 어릴 때부터 다른 사람들 마음을 읽게 된다. 눈과 얼굴 표정, 몸짓과 태도 등을 단서로 주변 사람들이 어떤 마음을 갖고 있는지, 집단 전체가 어떤 분위기인지 느낌으로 알게 된다. 그래서 다른 장소로 가서 다른 동료에게 둘러싸여도 금방 그 분위기에 동조할 수 있는 것이다. 또한 사람들은 각각 다른 집단에서 다양한 동료와 기분을 맞추어가며 사귈 수 있다. 이는 인간의 높은 공감능력과 동조능력 덕분이다.

하지만 이런 교제는 이미 알고 있는 사람들 사이에서 일어나는 일이다. 새로운 집단에 들어갈 때, 새로운 동료를 받아들일 때 어딘가 어색한 관계가 생긴다. 그것은 아직 새로운 집단의 분위기나 새로운 동료의 개성을 파악하지 못했기 때문이다. 새로운 동료에게 둘러싸였을 때는 가만히 있으면서 모두가 자신을 받아들일 때까지 가만히 기다리는 방법도 있을 것이다. 그것이 일반적이다. 누구나 같은 문화 속에서 자라고 있다는 안도감이 있기 때문에 모두 위화감을 갖지 않는다.

하지만 문화가 다른 지역에서 오거나 해외에서 오거나 하는 경우는 다르다. 옷차림이나 말과 음식 취향이 달라서 좀처럼 사람들과 어울릴 수 없다. 피부와 눈의 색깔, 머리카락의 색깔과 모양이 달라 모두의 이목을 끈다. 입을 다물고 있으면 무리에 끼지 못한 채 따돌림을 당하게 된다. 친구는 생기지 않고 잘못하면 괴롭힘을 당한다.

그럴 때는 어떻게 하면 좋을까. 자기주장을 해야 한다. 그런데 눈에 띄기만 하면 되는 게 아니다. 먼저 자신이 어떤 사람인지를 분명히 해야 한다. 모두가 접근하기 어렵다고 생각하는 데는 이유가 있다. 어떤 곳에서 와서 어떤 경험을 가지고 있을지 모르기 때문이다. 즉 어떤 개성을 가지고 있는지 모르기 때문에 어울리는 것을 망설이고 있다. 그래서 적극적으로 자신의 체험과 능력을 보여주는 것이 좋다. 다음으로 자신이 친구가 되고 싶어 하는 동료를 찾아서 자신에게 관심을 가지도록 행동해야 한다. 그럴 경우 1대 1로 관계 맺는 것이 중요하다. 상대가 집단으로 있으면 반드시 다른 친구에게 신경을 쓰니까 자신을 상대해 주지 않는다. 상대방이 혼자 있을 때 말을 걸면 거부하기 어렵다. 그렇게 해서 일단 관심을 갖게 되면 나머지는 모두가 생각하는 대로 "상냥하게 대하기"와 "상대방을 이해해주기"를 하면 친구들과의 관계를 지속시키는 좋은 방법이 된다. 내가 말하고 싶은 것은 친구를 사귀려고 할 때 자신이 어떤 사람인지를 확실히 자각해서 상대방에게 알리고 그런 자신에게 관심을 갖도록 행동할 필요가 있다는 것이다.

고독을 두려워하지 않고 즐기는 방법

더 중요한 것은 비록 친구가 생기더라도 그 친구에게 너무 의존하지 않도록 하는 것이다. 강한 의존관계가 생기면 자신을 만들 수 없게 된다. 어디까지나 자신과 친구는 다르다는 것을 전제로 사귈 필요가 있다.

아이들은 성장하는 과정에서 주변도 변하고 자신도 변하기 때문에 혼자 있는 것에 큰 불안감을 느끼게 된다. 땅에 발이 닿지 않은 듯한 느낌으로 두둥실 어디론가 날아가 버릴 것 같은 그런 자신을 꼭 붙잡아 줄 누군가가 필요하다. 하지만 부모들은 자신과는 나이도 몸도 경험도 다르기 때문에 한마음으로는 도저히 느낄 수 없다. 역시 같은 세대로 같은 경험을 공유할 수 있는 친구여야 한다. 그래서 어디를 가나 함께하고 모든 걸 나누고 싶다. 그런 친구가 생겼으면 좋겠다고 생각한다.

그러나 그것은 큰 잘못이다. 그런 식으로 친구를 구하면 자기 사정으로 친구를 속박하게 되고, 자신도 항상 친구에게 맞춰야 한다. 그렇게 되면 자유스럽지 못하게 되어 숨이 막혀 마침내 싸운 후 이별을 초래하게 된다.

그럼 어떻게 하면 좋을까. 고독을 두려워하지 말고 오히려 친구들과 거리를 두고 서로 다른 점을 인정하는 것이다. 확실히 출생이나 성장이나 취미 등 공통점이 많을수록 친밀도가 증가하고, 동조하기 쉽기 때문에 친구가 되기 쉬울 것이다. 하지만 자신과 비슷한 상대와 함께 있으면 자신의 개성을 발휘할 수 없다. 서로 개성이 다르기에 그것이 조화를 이룸으로써 재미있는 일을 창조할 수 있고 새로운 나를 발견할 수 있다. 자신과 비슷한 상대라면 금방 거리가 가까워진다. 다른 상대라면 서로의 개성을 발휘할 수 있도록 조금 거리를 두고 상대를 바라보게 된다. 그 점이 자신을 발견하는 길로 이어지는 것이다.

9장에서 개성은 말로 알 수 없다는 것을 고릴라에게서 배웠다. 자신을 표현하는 데 언어를 사용하지 않아도 된다. 그림을 그려도 되고, 악기를 연주해도 된다. 곤충을 좋아하거나 별을 바라보는 것이 취미이거나 요리를 잘해도 좋다. 뭔가 자기 나름대로 행동해 보는 것이 개성을 표현하는 것이 된다.

인간은 자신을 정의하지 못한다. 스스로 자신의 얼굴을 볼 수 없듯이, 무언가 하고 있는 자신을 밖에서 바라볼 수는 없다. 그런 자신을 보고 있는 것은 언제나 타인이다. 이런 우리들은 다른 사람의 표정이나 행위를 보고 자신도 같은 걸 하고 있다고 느끼고 다른 사람의 반응을 보고 자신이 그런 행동을 하고 있다는 것을 알 수 있다. 즉 자신은 타인에 의해서만 정의할 수 있다는 것이다. 자신의 개성도 다른 사람이 그것을 어떻게 평가해 주느냐에 따라 이해할 수 있다. "너는 내성적이구나"라든가 "심술궂구나"라든가 "쓸데없이 참견이야"라고 들으면 그런가 싶다. 비록 스스로 상냥한 성격이라고 생각하지만 친구로부터 지적을 받으면 그것이 자신의 잘못

된 생각이라는 것을 깨닫는다.

그러니까 좋든 나쁘든 친구가 자신을 똑바로 보고 평가를 받는 편이 좋다. 그 편이 진정한 자신과 만날 수 있다. 너무 가까이 다가가면 친구는 내가 보이지 않게 되고 정이 들어 정확한 평가를 할 수 없기 때문이다. 거리를 두는 이유는 그래서다.

만약 자신에 대한 친구의 평가가 전혀 마음에 들지 않는다면 혼자 있는 시간을 많이 가지며 자신과 마주하는 게 좋다. 그 결과 친구 사이가 서먹서먹해 지거나 아무도 자신에게 관심을 표시하지 않게 되더라도 괜찮다. 고독하게 되는 것은 자신의 개성을 만들 좋은 기회다. 인간은 의식을 가진 동물이다. 의식은 자신이 무엇을 하는지를 알고 있는 것이다. 생물은 끊임없이 변한다. 인간은 무언가를 하면서 변해가는 자신을 느낄 수 있다. 그것이 개성을 만든다.

혼자가 되어 친구들과 함께 할 수 없는 일에 도전해 보는 것도 좋다. 친구들이 웃을까봐, 이상하게 생각할 테니까 라고 생각하고 미루던 일을 과감히 해보는 것이다. 동물을 길러도 좋고 야채와 과일을 재배하는 것도 그중 하나다. 조각칼을 들고 무언가를 조각해 보거나 책장을 만들거나 물레를 돌려 도자기를 구워도 된다. 별을 관찰하거나 낚시를 하거나 곤충을 모으기 등등, 세상에는 흥미를 끄는 일이 많이 있다. 그러한 것을 자기 나름대로 시도해 보고 자신이 좋아할 만한 것을 발견하는 것이다. 그것이 개성의 일부가 된다.

자신을 마주보면 자신이 남들과 다른 점을 잘 알 수 있다. 머리카락이 곱슬곱슬하거나 색이 검기도 하고 다리가 짧거나 뚱뚱하다거나 걸음이 느리다거나. 필시 자신의 몸이나 성격이 싫어질 수도 있을 것이다. 그러나 아무리 싫어해도 그것은 자신의 개성 중 하나이고 남들과 비교하기 때문에 그렇게 보일 뿐이다. 나는 아프리카에서 살았을 때 자신이 다른 사람이 된 기분이 들었다. 왜냐하면 다들 나보다 검고 다리도 길다. 그곳에서는 이상하게도 뚱뚱한 것이 부자나 미인의 증거이고 너무 긴 다리가 귀찮다고 생각하는 사람이 많다. 일본과는 전혀 상식이 다른 것이다. 일본에서 고민하던 것이 날아가 버렸다. 타고난 자신의 특징과는 평생 같이 하지 않으면 안 되며 그것을 장점으로 살리는 것이 중요하다.

설령 사고나 질병으로 장애를 입었다 하더라도 그것도 개성으로 간주할 필요가 있다. 8장에서 소개한 어린 고릴라 도도는 아직 젖을 빨 무렵 오른팔 팔꿈치부터 잃었고 엄마도 없어지고 말았다. 하지만 동료들의 도움을 받으며 자기 나름대로 걷기와 나무 타는 방법을 찾아서 씩씩하게 살기 시작했다. 도도는 결코 주눅드는 일 없이 다른 새끼들과 적극적으로 논다. "있는 그대로의 자신을 산다"는 것이 고릴라식 삶의 방식이라고 생각한다.

자신과 차분히 마주하다 보면 자신의 단점이 장점으로 보일 수 있다. 그 점을 소중히 여기며 친구와 다시 사귀는 것이 필요하고,

경우에 따라서는 친구를 바꿔도 좋다. 긴 인생동안에는 여러 만남이나 교제가 있다. 지금 있는 세계만이 내가 사는 곳이 아니다. "한쪽 문이 닫히면 다른 쪽 문이 열린다"는 말이 있는데 자신을 잃지 않는다면 분명 어딘가에서 마음이 맞는 사람을 만날 수 있을 것이다. 중요한 것은 사람들과 어울리는 걸 멈추지 말고 계속 자신을 표현하는 것이다. 이것밖에는 달리 자신을 갈고 닦으며 성장한 자신과 만날 수 있는 방법이 없다.

우리는 '신뢰'라는 이야기의 세계에 살고 있다

이 책을 읽고 친구를 사귀려면 자신의 개성을 발휘하는 것과 상대의 개성을 아는 것이 중요하다는 것을 알았을 것이다. 친구 사귀기는 말이나 정보만으로는 얻을 수 없다. 직접 만나서 함께 시간을 갖고 무언가를 함께 하면서 느낄 수밖에 없다.

스마트폰이나 문자로 정보를 주고받는 것은 친한 친구를 사귀고 나서 해도 된다. 스마트폰을 많이 사용한다고 해서 더 친해진다고는 할 수 없다. 상대방이 하는 말이 맞는지, 상대방이 어떤 마음으로 하는지, 왜 이런 말을 하는지 의심하기 시작하면 끝이 없다. 상대방의 개성을 알고 있으면 정보를 주고받으면서 상대방의 얼굴이 떠오르기 때문에 대개는 상상할 수 있다. 그래도 "백문이 불여

일견"이어서 친한 상대가 하는 말이라도 직접 만나 함께 그 상황을 확인하지 않으면 생각이 엇갈리거나 오해가 생긴다.

평소 의식하지는 않지만 우리는 '신뢰'라는 이야기의 세계에 살고 있다. 거기에는 일반적인 신뢰와 개별적인 신뢰가 있다. 일반적인 신뢰란 자신이 살고 있는 사회에 대한 믿음이며 우리의 일상적인 행동에 관한 것이다. 예를 들어 우리는 식당에 가서 식사를 하거나 편의점에서 식료품을 사거나 할 때 설마 독이나 바늘이 들어가 있다고는 생각하지 않을 것이다. 더욱이 횡단보도에서 신호대기를 하고 있을 때나 웬만한 플랫폼에서 전철을 기다리고 있을 때 설마 뒤에서 누가 밀 거라고는 생각하지 않을 것이다. 이러한 일은 우선 이 사회에서는 일어나지 않는다는 일반인에 대한 신뢰가 우리의 삶을 지탱하고 있다. 하지만 와카야마에서 카레에 독이 담겨 있던 사건이나 과거에 곳곳의 슈퍼마켓에서 식품에 바늘이 들어 있던 사건 등에서 보듯이 악의가 있으면 사람들에게 상처를 주거나 죽이는 것이 가능하다. 대낮에 낯선 사람에게 칼로 베일 수 있으니 안심할 수도 없다. 일단 이런 신뢰감이 깨지면 우리는 식당에서 식사를 할 수도 없고 거리를 걸을 수도 없게 된다. 그렇기 때문에 이런 범죄는 모두가 공동으로 살고 있는 사회의 신뢰를 뿌리째 무너뜨리는 것이기 때문에 엄중히 단속해야 한다.

다른 하나는 동료관계에서의 신뢰인데 이는 5명을 중심으로 하여 3배로 증가해 나간다는 가설이 있다. 5명 정도가 가장 친한 동료인데 뭔가 곤란한 일이 생기면 바로 상담할 수 있고 자신을 다정하게 도와줄 수 있다고 생각하는 관계이다. 이 관계는 가족이기도 하고 매일 만나는 친구이기도 하다. 성격이나 능력도 잘 아는 사이로 아무 의심 없이 의지할 수 있다. 이런 동료를 가질 수 있느냐가 사회생활을 하는 데 매우 중요하다. 그 바깥쪽에 이 5명을 포함한 15명 정도의 동료가 있다. 이것은 무엇인가를 함께 하는 사이이며, 예를 들면 클럽 활동이라든가 스포츠라든가 몸으로 연결된 동료이다. 예를 들어 축구라면 11명, 럭비라면 15명이 팀을 이루는데 팀 전체가 마치 하나의 생명체처럼 움직일 수 있다. 그 밖에는 이들 15명을 포함한 30~50명 정도의 동료가 필요하다. 같은 반 친구가 여기에 해당한다. 모두가 얼굴을 아니까 누구와 누가 어떤 관계인지 안다. 누군가 없다는 것도 금방 알 수 있다. 누군가 손을 들어 제안하면 반 전체가 모여 움직일 수 있다. 그래서 선생님이나 반장이 모두에게 지시를 내리거나 모두의 의견을 수렴할 수 있다.

그리고 이 3배인 150명이 아무래도 개인적인 신뢰를 보낼 수 있는 상한인 것 같다. 나는 연하장을 쓸 때 얼굴이 떠오르는 사람의 수라고 말하고 있다. 이름이 아니라 얼굴이 떠오른다는 점이 중요하고, 그것은 과거에 함께 무언가를 하거나 희로애락을 함께 했던 사이라는 것이다. 즉 스마트폰 등의 통신기기로만 연결되어 있는 것이 아니라 몸으로 연결된 경험이 필요한 것이다.

영국의 인류학자 로빈 던바는 원숭이나 유인원의 뇌 크기와 집단의 크기 사이에 대응관계가 있음을 발견했다. 예를 들어 인간의 뇌는 고릴라 뇌의 3배 크다. 고릴라 집단의 평균 크기는 10~15마리로 이를 뇌와의 대응관계를 나타내는 계수에 적용하면 인간 뇌에 맞는 집단의 크기는 150명이 된다. 원래 인간 조상의 뇌 크기는 고릴라 수준이었는데 200만 년 전부터 커지기 시작해 20만 년 전에 나타난 현대인 호모 사피엔스에서 지금의 크기가 됐다. 지금부터 1만2000년 전 농경목축 시작 전까지 사피엔스는 수렵채집 생활을 했다. 현대의 수렵 채집민 마을 규모도 대체로 150명이라는 보고가 있다. 즉 농경·목축 개시 이후 급속히 집단의 크기는 증가했지만 아직도 인간의 뇌는 150명 정도의 사람들과 살게 되어 있다는 것이다.

현대는 스마트폰이나 인터넷 등의 정보 기기를 사용하여 한층 더 교제하는 사람의 수는 증가하고 있다. 트위터나 페이스북을 통해 한 번에 수천, 수만 명의 사람들과 교신하는 것도 가능하다. 하지만 그렇다고 150명이 넘는 사람들과 쉽게 개인적인 신뢰관계를 맺을 수 있는 것은 아니다. 정보기기를 통해 연결된 사람들과 얼굴과 성격을 알고 신뢰관계를 맺은 사람들을 나누어 다르게 사귀어야 하는 시대인 것이다. 예를 들어 150명 바깥쪽에 있는 이름뿐인 동료와는 각자 편한 정보를 주고받는 데 그쳐야 한다. 서로 상대방의 삶에 깊이 파고들지 말고 고민도 상의해서는 안 된다. 아주 드라이하게 사귀는 편이 좋다.

150명에 드는 동료는 적어도 개별적인 신뢰를 보내는 상대다. 서로의 생활이나 사정이나 성격을 잘 알고 상담이 가능한 사이다. 그러니 자주 연락할 필요가 있다. 인간은 생명체이기 때문에 날마다 변화하고 있다. 여기저기 이동하여 여러 사람들과 접하기 때문에 근황 보고를 해 두지 않으면 그 변화를 읽을 수 없다. 특히 가장 친한 5명의 동료나 협동 팀을 짤 수 있는 15명의 동료는 특별히 신경쓸 필요가 있을 것이다. 그야말로 이들은 자신의 희생을 마다하지 않고 다해주는 동료이자 살아가는 데 둘도 없는 존재일 가능성이 높기 때문이다. 이런 동료들은 성실하게 대해야 하고 속이거나 나쁜 일에 끌어들이면 절대로 안 된다. 정보기기는 자주 연락하는 데는 편리하지만 신뢰관계를 유지하려면 역시 직접 만나 친분을 쌓아야 한다. 가족은 장기간 만나지 않아도 신뢰관계는 끊기지 않지만 친구는 자주 만나지 못하면 관계가 멀어진다. 그래서 친한 친구관계는 자주 만나는 새로운 친구로 대체된다고 생각하는 편이 낫다.

자신을 자각하고 자립하기 위해서

그럼 이 두 가지 신뢰를 잘 사용해서 즐겁게 살려면 어떻게 해야 할까. 그러기 위해서는 먼저 자연 속에 혼자 발을 들여놓고 다양한 동식물을 만나볼 것을 권한다.

어떤 자연이든 거기에는 원래 있던 생물들의 룰이 있다. 봄이 되면 식물이 싹을 틔우고 꽃을 피우며 그곳에 여러 벌레들이 찾아온다. 애벌레는 잎을 먹고서 나비나 딱정벌레가 되고 꽃에서 나온 꿀이나 수액을 먹고 꽃가루를 나른다. 그 벌레들을 먹으러 새들이 내려앉아 세력권을 잡고 러브송을 부른다. 동물들은 새가 떨어뜨린 과일을 갉아먹고 땅을 파헤쳐 지렁이와 벌레를 먹는다.

그러던 중에 갑자기 인간이 발을 들여놓으면 벌레나 새와 동물들은 모두 놀라서 움직임을 멈추고 만다. 자신의 페이스대로 계속 걷다 보면 식물과 그곳에 숨죽여 몸을 웅크리고 있는 동물만 눈에 들어온다. 그들의 움직임을 보려면 자신도 그 세계 거주자로서의 룰을 지켜야 한다. 우선 멈춰 서서 가만히 움직이지 말고 기다려 보는 것이 중요하다. 그러면 동물들은 움직이기 시작하므로 그 동물들의 움직임에 맞춰 자신도 움직여 본다. 동물들이 보거나 느끼는 것이 보인다. 그들도 아무렇게나 움직이는 것은 아니다. 각자 목적을 가지고 움직이고 있기 때문에 그 움직임에 맞추면 그들의 목적도 보이는 것이다. 그러한 많은 동물의 움직임이 교차하는 곳에, 그 세계의 룰이 있다. 그것을 느끼려면 말이 아닌 오감을 이용한 직관력이 필요하다. 그리고 그 체험은 인간의 세계에서도 많은 도움이 된다.

예를 들어 일본을 떠나 프랑스에 갔다고 하자. 우선 당황하는 것은 교통법규다. 일본에서는 차는 좌측통행이지만 프랑스에서는 우측이니까 도로를 건널 때는 좌측을 보는 게 아니라 우측을 봐야 한다. 쇼핑을 하고 거스름돈을 계산할 때 일본에서는 뺄셈이지만 프랑스에서는 덧셈이다. 즉 지불한 금액에서 산 금액을 빼는 것이 아니라 산 금액에서 거스름돈을 합쳐서 금액을 돌려준다(역주: 32유로의 물건을 살 때 100유로를 냈다면 먼저 8유로에 60유로를 더한 거스름돈을 받는다). 사람들은 인사를 할 때 일본처럼 절을 하는 것이 아니라 가볍게 악수를 하고 뺨에 번갈아가며 키스를 한다. 이런 규칙이나 습관에 익숙해지지 않으면 좀처럼 안심하고 평온하게 살 수 없다. 말로는 이해해도 좀처럼 몸에 배지 않는다. 직관적으로 빠르게 체화하려면 자연스럽고 힘들었던 경험이 있어야 한다.

일본 안에서도 지역에 따라 다양한 관습과 규칙이 있다. 그것은 몸짓이나 태도에 나타나지만 문자에는 쓰여 있지 않고 정보로서 공유되고 있는 것은 아니다. 모두가 무의식중에 행하고 있기 때문에 그 지역에 있어서는 상식이지만 신참자에게는 비상식적인 일이 있을 수 있다. 그것을 빠르게 간파하고 말이 아닌 몸으로 규칙을 익힐 수 있다면 지역 문화에 빠르게 녹아들 수 있게 된다.

그럴 경우 중요한 것은 작은 실수는 해도 좋으니 결정적인 큰 실수를 하지 않는 것이다. 프랑스에서는 일본과 마찬가지로 도로

를 건너려다 차에 치일 위험이 커진다. 그러니까 길을 건너기 전에 "기다려"하고 한순간 멈출 필요가 있다. 그렇게 하면 틀리더라도 차에 치이는 일은 면할 수 있다. 이때 정신을 차리고 늘 자신이 하고 있는 일을 바라보는 태도가 필요하다. 항상 정보에 의존하다 보면 이렇게 하는 것이 소홀해진다. 스마트폰의 네비가 나타내고 있는 대로 행동해서 뜻밖의 사태에 빠지거나 한다. 스마트폰은 지금까지 주어진 정보로부터 현재의 해결책을 도출하고 있으므로 현재 상황을 분명히 보고 있는 것은 아니다. 스스로 판단을 망설일 경우 정보를 묻는 것은 좋아도 결국 스스로 상황 판단을 하고 결정을 내리는 것이 중요하다. 그것은 오감을 구사한 직관력에 의지할 수밖에 없다. 그리고 정보가 아닌 스스로 최종 판단을 결정할 때 자신에 대한 자신감과 자기결정력이 따라온다.

자신에 대한 자각과 판단력은 개별적인 신뢰관계에서 더욱 중요하다. 일반적인 신뢰관계와 달리 그것은 어디까지나 자신과 상대만의 것이다. 거기에는 생면부지인 타인이 끼어들 여지가 없고 일반적인 규칙이 성립되는 세계도 아니다. 그러나 자칫하면 나와 상대가 너무 하나가 되어 버려서 나 혼자 판단할 수 없게 된다. 그렇게 되면 온종일 상대방이 신경 쓰이고 끊임없이 스마트폰에 연결되어 있지 않으면 마음이 놓이질 않는다. 그리고 무슨 일이든 나 혼자 판단하지 못하고 상담하게 된다. 옛날에는 기껏해야 유선전화밖에 없었기 때문에 그렇게 자주 상대방과 연결할 수 없었지만 지금은 스마트폰으로 언제 어디서나 연결할 수 있기 때문에 여차하면 본래의 자신으로 돌아갈 수 없게 되어 버린다.

이건 아주 위험한 일이다. 고릴라들을 떠올려보면 좋겠다. 고릴라들은 항상 함께 있고 서로에 대해 주의를 기울이고 있다. 그래서 무슨 일이 생기면 럭비 팀처럼 뭉쳐서 움직일 수 있다. 하지만 몸으로 연결돼 있을 뿐이라 단기간이라도 떨어지면 전혀 모르는 타인처럼 서먹서먹해져 버린다. 엄마도 새끼가 젖을 떼면 새끼랑 상관없이 간단히 그 집단을 떠날 때가 있다. 인간이 보기에 차가워 보이지만 이것이 자립이라고 생각한다. 즉 함께 있는 동안은 서로 신경을 쓰지만 자립하고 싶어지면 거리 두기만 하면 깔끔하게 그때까지의 관계를 해소해 버릴 수 있는 것이다.

인간은 그렇게는 되지 않는다. 어디를 가도 소재는 알려지고 스마트폰으로 연결되어 있는 한 관계는 끊어지지 않는다. 특히 말이라는 요물이 늘 따라다닌다. '믿었는데'라든가 '친한 친구지'라든가 '항상 의지하고 있으니까'라는 말에 얽혀 싫어져도 좀처럼 친구 관계를 그만둘 수 없다. 하지만 언제까지나 같은 사람과 똑같이 교제하는 것은 서로가 진보할 길이 막혀 있는 것이나 다름없다. 자신이 변하려 해도 상대방이 그것을 허락하지 않을 때가 많기 때문이다. 친한 친구와 함께 다 같이 변할 수 있으면 좋겠지만 각각 개성이 다르기 때문에 그렇게는 되지 않는다. 또 개성이 존중받지 못하면 달라질 수 없다. 인간은 개별적으로 성장하여 각각 다른 개성을 만들어 가는 것이다.

그래서 친한 친구를 사귀게 되면 언어로 상대방을 구속하는 일을 되도록 피해야 한다고 생각한다. 물론 연애감정은 그렇게 되지 않을 것이다. 그 관계는 이제부터 가족관계로 발전하는 것이니 당연하다. 하지만 친구들과 친한 관계를 지속하려면 서로 대등한 입장에서 말을 할 수 있는 관계를 맺었으면 좋겠다. 서로 의존하는 관계를 지나치게 가지면 부담이 늘어나 서로의 자유를 구속한다. 신뢰란 상대방을 지나치게 기대하는 것이 아니라 서로가 자립적인 존재임을 인정함으로써 강해진다. 게다가 직면하는 문제를 공유하는 것이 중요하다.

개별적인 신뢰란 의식해서 되는 것이 아니다. 함께 무언가를 하면서 감정을 나누다 보면 자연스럽게 생겨나는 것이다. 그때 상대를 보고 있는 자신, 상대가 보고 있는 자신을 깨닫고 나라는 것의 윤곽이 점차적으로 보인다. 그래서 친구를 사귀려면 기다리는 것만으로는 안 된다. 적극적으로 자신을 보여주고 상대방과 함께 행동함으로써 신뢰감을 갖는 것이다. 그것은 말이나 정보가 아니라 몸으로 납득하는 것이어야 한다.

야생의 마음을 가지고 떠나자

나는 교토대 총장이 되고서 대학은 정글과도 같다고 말해 왔다. 열대 정글은 이 지구 육상에서 가장 많은 종류의 생물이 살고 있는 곳이다. 대학도 그렇다. 여러 학부나 대학원에 세계 각지에서 학생들이 모여들어 정말 다양한 학문이 이루어지고 있다. 정글의 생물들이 서로를 잘 모르는 것처럼 대학 안에서도 사람들이 잘 아는 것은 아니다. 하지만 여러 기회로 다양한 만남이 있어서 새로운 관계가 생긴다. 그곳에서는 예상하지 못한 미지의 개성 조합이 생기고 지금까지 없었던 일들이 일어난다. 그래서 정글도 대학도 재미있다.

다만 그런 만남을 경험하려면 자신을 제대로 의식하고 새로운 것에 항상 눈을 돌려야 한다. 그리고 미지의 것을 받아들이는 마음의 여유와 지금까지 경험하지 못한 현상에 대처할 수 있는 직관력을 가져야 한다. 그러기 위해서는 100퍼센트 확실한 것을 하기보다는 작은 실패를 두려워하지 않고 도전하는 야심이 필요하다.

대학은 사회나 세계로 통하는 '창'이어야 한다고 나는 생각한다. 그 창과 연관 지은 WINDOW 구상으로 각각의 알파벳을 사용해 목표를 세웠다. 최초의 W는 Wild and Wise, 야생적이고 현명해지자 이다. 앞으로의 세상은 지식만으로는 활약할 수 없다. 상식을 깨고 미지에 도전하는 야심이 필요하다. 하지만 그건 혼자서는 할 수 없다. 신뢰할 수 있는 친구를 만들고, 함께 벽을 깨고 뛰쳐나가는 것이 바람직하다. 모두가 하나의 목표를 가지고 서로 격려하며 도약하는 것이다.

9장에서 인간의 성장에는 두 가지 위험한 시기가 있음을 밝혔다. 첫 번째 위기는 이유기, 두 번째 위기는 사춘기다. 대학에 들어가기 전 중학교, 고등학교 때 모두 제2의 위기를 겪는다. 고등학교나 대학에 가지 않는 아이도 있을 것이다. 그런 아이들에게도 앞으로 경험할 세계는 크고 작은 정글이라고 생각하는 것이 좋다. 고릴라 새끼들도 사춘기에 부모 곁을 떠난다. 인간의 아이도 이 시기에 고릴라와 비슷한 사회관계에서 벗어나 인간으로서의 능력에 눈을 뜨고 떠나는 계절이라고 할 수 있을 것이다.

인간의 자녀는 사춘기까지 고릴라처럼 하루하루 친구와 동고동락하며 산다. 매일 같은 반 친구들과 함께 수업을 듣고 클럽 활동을 하며 희로애락을 함께 해온 동료들이 있다. 같은 지역 출신으로 사회적 배경도 비슷하고 나이도 같으니 의기투합하기 쉽다. 그래서 친구의 일은 금방 내 일처럼 느껴지고 자신의 고민도 상담하기 쉽다. 그런 친구와 헤어지는 것은 견디기 힘들다고 생각할 것이다. 고릴라도 그렇다. 고릴라 새끼들이 사춘기가 될 때까지 태어나 자란 집단을 떠나지 않는 것은 동료들과 일심동체인 것이 기분 좋기 때문이다.

하지만 앞으로는 달라질 것이다. 고릴라의 암컷이나 수컷도 태어나고 자란 집단을 떠나듯 인간의 아이들도 여행을 떠나야 한다. 인간의 여행은 고릴라와는 다르다. 고릴라는 일단 집단을 떠나면 부모와 원래의 집단과도 단절되지만 인간은 여행을 떠나도 다시 돌아올 수 있다. 그리고 각각의 새로운 경험을 서로 이야기하고, 그것을 다시 자신의 힘으로 만들 수 있다. '죽마고우'는 평생 간다고 한다. 그것은 어린 시절 심신을 일체화시킨 사이이며 의심하지 않고 신뢰할 수 있는 상대이기 때문이다. 고릴라에게는 그런 동료가 없다. 언제나 지금 사귀는 상대를 신뢰하고 살 뿐이다.

인간은 신뢰할 수 있는 동료를 150명까지 가질 수 있다. 항상 얼굴을 마주칠 필요가 없는 동료다. 그렇기 때문에 인간은 자신을 지킬 수 있다. 앞에서도 말했듯이 자신은 스스로 정의할 수 없다. 동료가 만들어 주는 것이다. 고향에서 멀리 떨어져 낯선 사람들에게 둘러싸였을 때 자신을 잃는다고 해도 소꿉친구 얼굴을 머리에 떠올리며 자기 자신을 되찾을 수 있다. 그게 인간의 강점이고 미지의 세계에 도전할 수 있는 원천이라고 생각한다.

제2의 위기의 시기, 즉 사춘기란 자신을 어떻게 자각하는지, 자신이 친구에게 어떤 식의 지지를 받는지를 의식하는 것이 매우 중요하다. 하지만 그러지 못하면 어쩌나 고민할 필요는 없다. 친구는 만들려고 들면 언제든지 생긴다. 다만 신뢰를 가지려면 함께 무언가를 하고 시간이 걸릴 것을 각오해야 한다. 그리고 상대에게 너무 의존하지 말고 너무 기대하지도 말며 적당한 거리를 유지하는 것이 필요하다. 그러기 위해서는 스마트폰 등과 같은 정보 기기에 너무 의지하지 말고 직접 만나 생명체로서의 개성을 존중하자.

친한 친구를 사귀는 가장 좋은 방법은 함께 식사를 하는 것이라고 나는 생각한다. 앞에서도 말했듯이 식사는 인간만이 만들어낸 평화롭고 대등한 교제이다. 원숭이나 고릴라의 동료인 인간에게는 매일 식사를 해야 하는 생리적인 사정이 있다. 인간만이 식사를 하면서 친구와의 관계를 만들고 조정하는 의사소통에 사용할 수 있다. 함께 먹음으로써 상대방과 대면할 수 있는 시간을 오래 가지며 상대의 개성을 알 수 있다. 개인적인 이야기를 통해 상대방의 출신과 성장의 역사와 호불호를 알 수 있다. 처음 보는 사람이라도 식사를 통해 마음을 터놓기도 하고 다음에 뭔가를 함께 하는 상담까지 할 수 있다. 이런 훌륭한 수단을 쓰지 않을 수 없다. 식사라는 수단을 알고 있으면 어디를 가더라도 친구를 사귈 수 있다.

자, 모두 고릴라처럼 지기 싫어하는 마음을 가지고 떠나자. 그 여행은 새로운 세계와 만나게 해줄 수도 있고 원래 있던 세계를 되돌아보는 계기가 될 수도 있다. 어쨌든 떠난 당신은 새로운 자아를 깨닫는다. 그것이 자신을 성장시키고 세계를 바꾸어 가는 첫걸음이 된다. 그 생기 넘치는 흐름에 자부심을 갖고 적극적으로 참여하는 것이야말로 인간 삶의 의미라고 생각한다.

마운틴고릴라

해발 2000~4000m 고지에 살면서 희박한 공기를 대량으로 들이마실 수 있도록 가슴이 크다. 털이 검고 길며 얼굴이 둥글고 코는 납작하다. 지상에서 지내는 경우가 많아 풀과 잎을 먹고 지상에 잠자리를 만들어 잠을 잔다. 때때로 수컷이 성장한 후에도 집단에 남기도 하여 복수 수컷을 포함한 50마리가 넘는 대집단이나 수컷만 있는 집단을 볼 수 있다. 암컷은 단독으로 집단 사이를 떠돌아다닌다.

동부로랜드고릴라

해발 600~3000m의 산지에 살며 고릴라 중 가장 크다. 털이 검고 짧으며 얼굴이 길고 콧날이 서있다. 열매, 풀, 잎, 개미 등 다양한 음식을 먹는다. 10~20마리 집단으로 살며 드물게 수컷 2마리를 포함한 집단이 생긴다. 수컷은 자라면 암컷을 데리고 나가 자기 집단을 이루는 경우가 많다. 암컷은 새끼를 데리고 여럿이 집단을 옮겨 다닐 때가 있다.

서부로랜드고릴라

해안선에서 해발 1000m의 평지나 산지에 살며 털은 검은색을 띤 갈색으로 짧고 머리털이 붉은 것이 있다. 얼굴이 둥글고 코끝에 작은 돌기가 있다. 열매를 주식으로 하고 잎이나 곤충 등 다양한 음식을 먹는다. 수컷 한 마리를 포함한 10마리 내외의 작은 집단에서 살며, 흔히 나무에 올라가 그 위에 잠자리를 만들어 잔다. 물을 두려워하지 않고 물놀이를 좋아하며 허리까지 잠기는 강도 건넌다.

안도 치에코 촬영

고릴라의 분포도

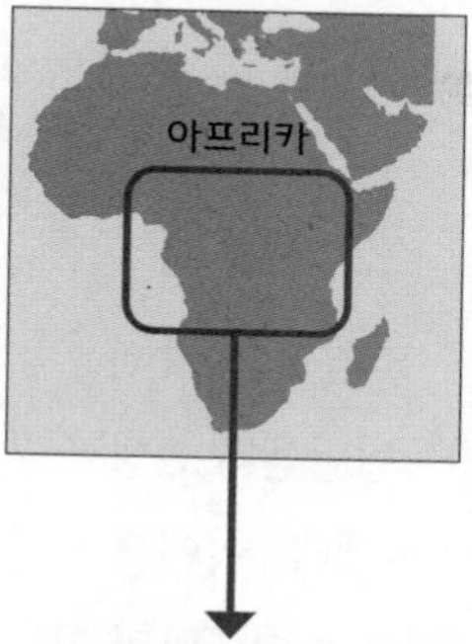

아프리카 열대우림 서쪽은 서부고릴라, 동쪽은 동부고릴라 2종으로 나뉘어 분포한다. 게놈의 차이로 인해 약 175만 년 전에 나뉘었을 것으로 추정되고 있다. 또한 서부고릴라는 7개국에 걸친 넓은 분포지역을 가진 서부로랜드고릴라와 카메룬과 나이지리아 국경 부근에 사는 크로스강고릴라 등 2개 아종으로 분류되고, 동부고릴라는 콩고민주공화국 동부에 사는 동부로랜드고릴라와 3개국 국경 부근에 분포하는 마운틴고릴라 등 2개 아종으로 분류된다.

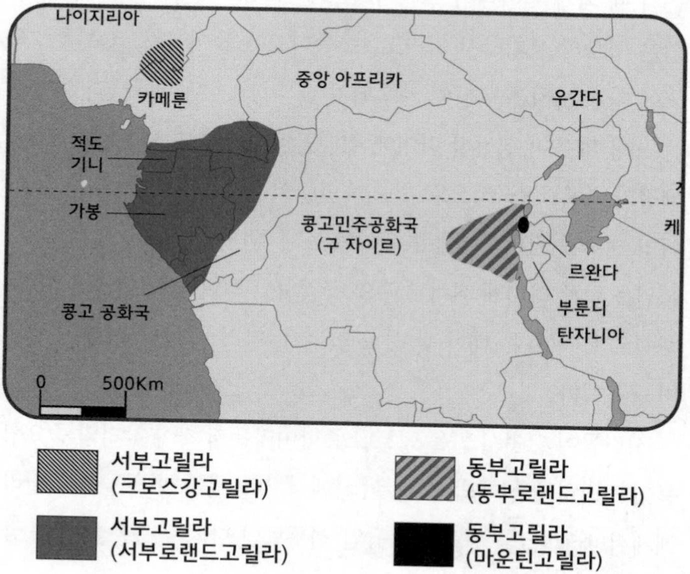

번역자의 말

듣고 싶은 말을 고릴라에게서 들었다

아이가 경도발달장애 소견을 받았을 때 아동발달센터 선생님 앞에서 울었더니 너무 걱정하지 말라며 이렇게 말했다. 아이들은 사춘기 때 뇌가 자라니까 그때까지 많은 걸 보여주고 자극하면 가능성은 있으니 포기하지 말라고. 초등학교에 들어가자 코로나로 학교에 가지 못하는 나날이 계속되었다. 저학년 때 친구들과 어울리는 법을 배우며 성장할 나이에 집에만 있어야 하다니 마음이 조급해졌다. 나는 적극적으로 친구를 만들어주기로 결심했다. 매일 아이의 친구를 저녁식사에 초대하여 놀게 했다. 친구가 다니는 주산학원을 함께 다니게 해서 친구와 공감하고 대화할 수 있도록 했다. 때때로 불안했다. 내가 잘 하고 있는지, 달리 더 좋은 방법이 없는지 궁금했다.

사람들이 모여서 밥을 먹는 소중함이라든지 자아 찾기의 중요성 등이 소박하게 전개되어 있는 『삶에서 가장 중요한 것들은 고릴라에게서 배웠다』를 번역하는 동안 서두르던 나의 마음은 자신을 궁정하게 되었고, 아이의 느린 성장에도 감사하게 되었다. 느리지만 성장하고 있다는 확신이 든다는 건 정말 중요하다.

3장에서는 사춘기 고릴라가 힘자랑을 하다 암컷 고릴라들에게 야단맞고 얌전해지는 이야기가 나와 웃음이 난다. 8장 멋지고 신비한 고릴라들에서는 엄마가 없는 장애를 입은 어린 고릴라를 돌보는 다정한 아빠 고릴라 이야기가 나온다. 9장에서는 고릴라에게서 배운 것을 구체적으로 안내하고 있다. 사는 것은 곧 먹기 위한 것이라는 명제로 고릴라의 식사를 예로 든다. 고릴라들은 늘 함께 있지만 먹을 때는 떨어져서 먹는다. 그것은 음식을 앞에 두고 싸우지 않기 위해서다. 하지만 인간은 평화롭게 나누어 먹는 존재이다. 이런 귀한 사회적인 장치를 혼밥, 혼술로 바꾸기에는 너무 아쉬운 점이 있다. 바로 친한 사람이나 친한 관계를 맺고 싶은 사람과 즐겁게 시간을 공유할 기회를 잃기 때문이다. 10장 어떻게 살 것인가?에서 저자는 초등학생부터 대학생까지 '친구를 사귀기 위해 무엇을 하면 좋을까?'라고 물어본 적이 있다고 했다. 대부분의 답변이 '상냥하게 대하기', '상대방의 말을 잘 들어주기', '상대방을 이해해주기'와 같은 수동적인 방식이어서 놀랐다고 한다. 먼저 자신이 어떤 사람인지 보여주라고 제안한다. 자신이 친구가 되고 싶어 하는 동료를 찾아가서 1대 1로 관계 맺는 것이 중요하다고 알려준다. 또한 고독을 두려워하지 않고 즐기는 방법을 알려주기도 한다. 고독을 두려워하지 말고 오히려 친구들과 거리를 두고 서로 다른 점을 인정할 때 자아가 완성되고, 완성된 자아야말로 친구들에게 다가갈 때 멋진 관계를 만들 수 있다는 것이다.

체홉의 〈귀여운 여인〉처럼 프루스트 입문서를 번역하고 있을 때는 프루스트와 사랑에 빠지고, 고릴라를 번역하고 있을 때는 고릴라와 사랑에 빠지는데 이번에는 그 정도가 심각해서 헬멧을 쓴 것 같은 고릴라 표지를 번역하는 동안 벽에 걸어둔 탓인지 헬멧을 쓴 것 같은 관광버스와 마주쳐도 고릴라 생각, 집에서 아이가 파닉스 숙제를 하다 애완견과 장난치는 모습도 어린 고릴라로 보이는 등 그야말로 고릴라, 고릴라로 여름 한철이 갔다.

아이를 돌보고, 엄마를 돌보고, 뮤즈를 돌보는 일상 속에서 때로는 미야모토 테루가 그렸던 〈환상의 빛〉을 꿈꾸기도 하는데 그 빛의 조각을 고릴라의 세계에서 나는 발견할 수 있었다.

고릴라가 무리에서 독립을 할 때의 과감함은 영화 〈아델 H의 이야기〉에서 이자벨 아자니가 사랑하는 남자를 위해 과감히 바다를 건너는 장면이 떠올랐다. 아이들이 자라서 부모 곁을 떠날 때 단절의 아픔을 느끼지만, 단절 또한 삶의 일부분이라는 것을.

이은주

삶에서 가장 중요한 것들은 고릴라에게서 배웠다.

1판 1쇄 발행 2022년 11월 30일
ISBN 979-11-92667-00-3

지은이 야마기와 주이치
옮긴이 이은주

책임편집 김효진
교정교열 황진규
디자인 나카지마 미노루(유)엠그래픽스/우주상자
커버 일러스트 100%ORANGE
본문 일러스트 후시하라 노지코

펴낸곳 마르코폴로
등록번호 제2021-000005호
주소 세종시 다솜1로9
이메일 laissez@gmail.com